职业教育"十四五"装备制造类专业系列教材

机械制图与CAD习题集

叶素娣　李晓光　主编

中国铁道出版社有限公司
CHINA RAILWAY PUBLISHING HOUSE CO., LTD.

图书在版编目(CIP)数据

机械制图与CAD习题集/叶素娣,李晓光主编.—北京:中国铁道出版社有限公司,2022.8（2024.4重印）
高等职业教育"十四五"装备制造类专业系列教材
ISBN 978-7-113-29229-4

Ⅰ.①机… Ⅱ.①叶… ②李… Ⅲ.①机械制图-AutoCAD软件-高等职业教育-习题集 Ⅳ.①TH126-44

中国版本图书馆CIP数据核字(2022)第098908号

书　　名:机械制图与CAD习题集
作　　者:叶素娣　李晓光

策　　划:曾露平　　编辑部电话:(010)63551926
责任编辑:曾露平
封面设计:刘　颖
责任校对:孙　玫
责任印制:樊启鹏

出版发行:中国铁道出版社有限公司(100054,北京市西城区右安门西街8号)
网　　址:http://www.tdpress.com/51eds/
印　　刷:三河市国英印务有限公司
版　　次:2022年8月第1版　2024年4月第2次印刷
开　　本:787 mm×1 092 mm　1/8　印张:13.5　字数:165千
书　　号:ISBN 978-7-113-29229-4
定　　价:39.80元

内容简介

本习题集根据作者多年教学成果及近年来发布的与机械制图有关的国家标准编写而成，包括点、直线、的投影，立体，制图的基本知识与技能，组合体，轴测图，机件的常用表达方法，标准件和常用件，零件图配图等内容。所选习题，本着精讲精练的原则，同时选编了一些有一定思考深度的题目，以利于加强学生空维能力的培养。本习题集与熊莎莎、苗秋玲主编的《机械制图与CAD（第二版）》(ISBN 978-7-113-28923-2)配套使用，紧扣教材，由易至难，重点突出。

本习题集内容全面而充实，可作为高等职业院校机械、化工、自动化、计算机等类专业开设"机械制图"程的配套教材，也可作为其他类型教学或培训的配套教材和参考书。

前　言

“机械制图”作为工程界的通用技术语言，不仅是后继专业课程学习的基石，也是培养学生工程意识和认真负责工作态度的良好途径，是实现培养目标的必修技术基础课程。本习题集力求体现培养近机类、非机类专业学生的看读和绘制工程图的基本要求。本习题集与熊莎莎、苗秋玲主编的《机械制图与CAD（第二版）》教材配套使用，章节结构和层次与其基本一致，每一章有相应的典型习题，按难易程度进行编排，旨在以看图为主，又不失基本的作图训练量，以培养和提高学生分析和解决图学问题的能力。

本习题集由芜湖职业技术学院叶素娣、安徽粮食工程职业学院李晓光担任主编，淮北职业技术学院李萌、合肥财经职业学院张书红担任副主编。本习题集在编写过程中参考了有关作者的教材，并得到了同行的帮助，在此一并表示衷心的感谢！

由于编者水平有限，疏漏和错误之处在所难免，热忱希望得到广大读者的批评指正。

编　者

2022年2月

目　录

1－1　根据 A、B、C 各点到 V 面、H 面的距离，画出各点的水平投影和正面投影。

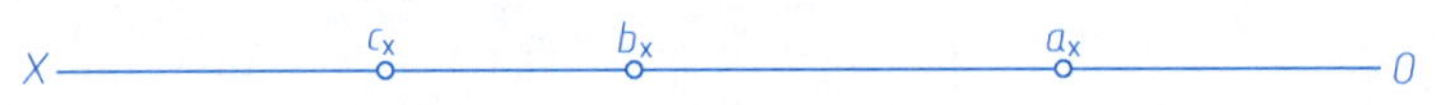

X　c_x　b_x　a_x　O

单位：mm

	在V面前方	在H面上方
A	15	20
B	20	15
C	10	20

1－2　已知各点的投影图，试画出它们的立体图。

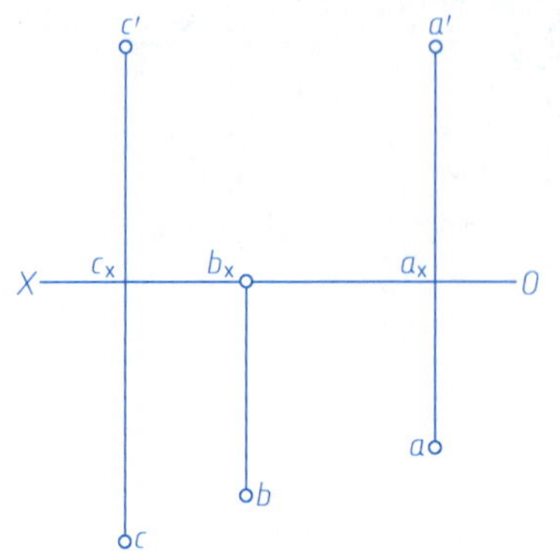

c′　a′　X　c_x　b_x　a_x　O　a　b　c

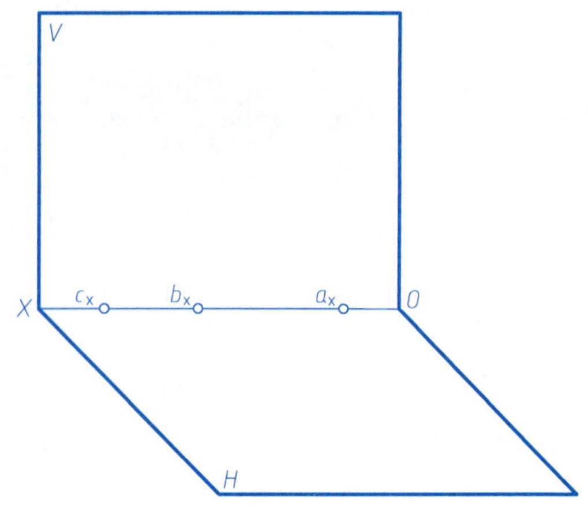

V　X　c_x　b_x　a_x　O　H

1－3　从立体图中按 1∶1 量取点 A 和点 B 的各个坐标，画出其各点的三面投影图。

1－4　从立体图中按 1∶1 量取各点的坐标，画出其投影图。

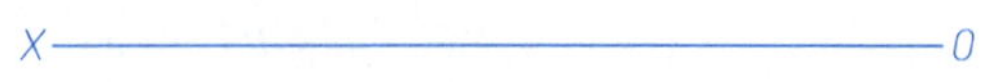

X　O

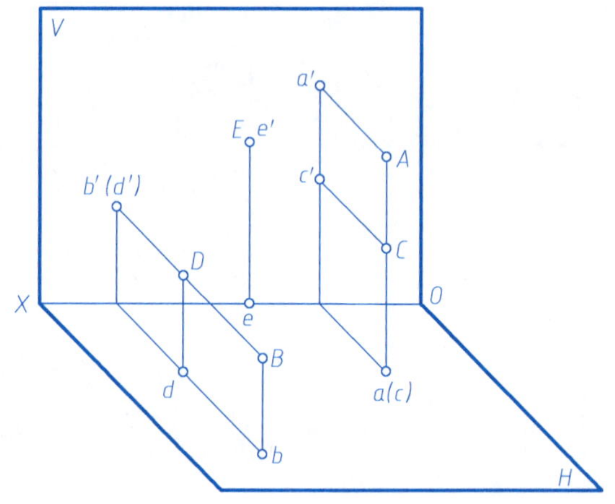

V　a′　E，e′　A　c′　b′(d′)　C　D　X　e　O　B　d　a(c)　b　H

1-5　已知各点的两投影，试画出第三投影。

(1)

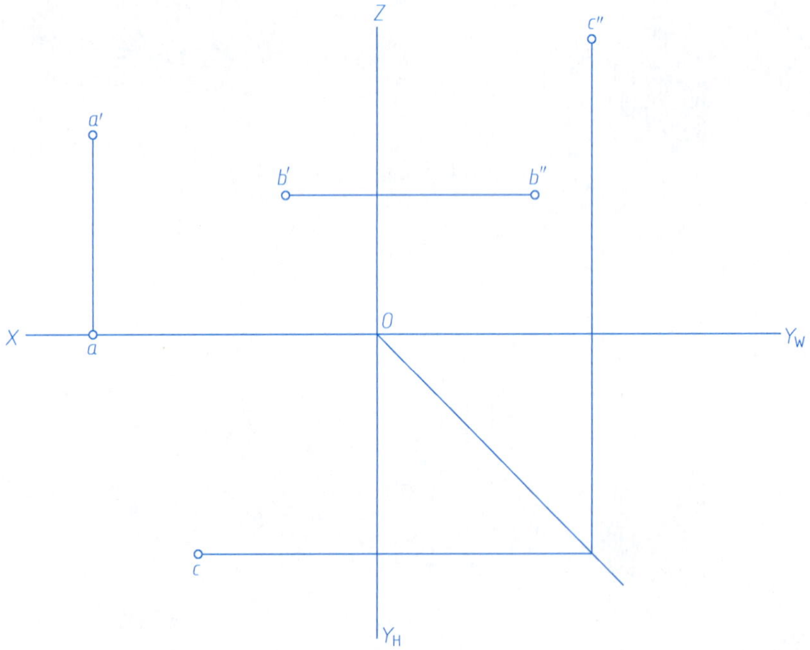

(2)

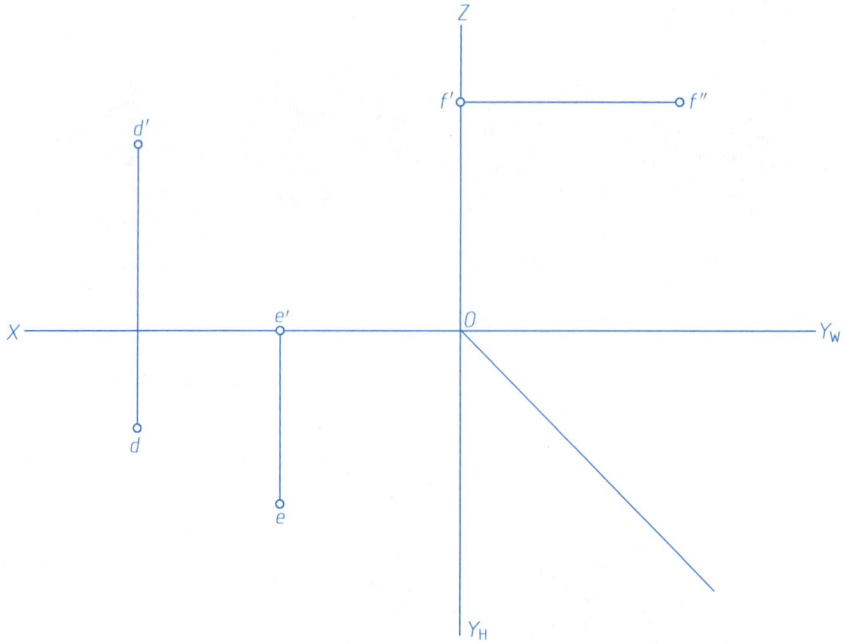

1-6　已知点 A(30,15,25)、点 B(40,25,0)和点 C(15,35,10)的坐标，试作出三面投影图。

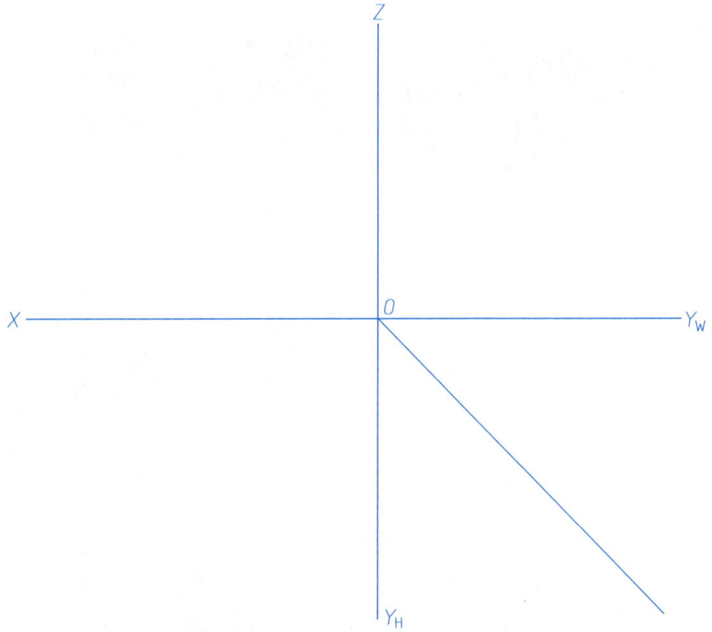

1-7　已知点 B 在点 A 的正下方 15 mm，点 C 在点 B 的正左方 30 mm，试作出点 B 及点 C 的三面投影图，并判别可见性。

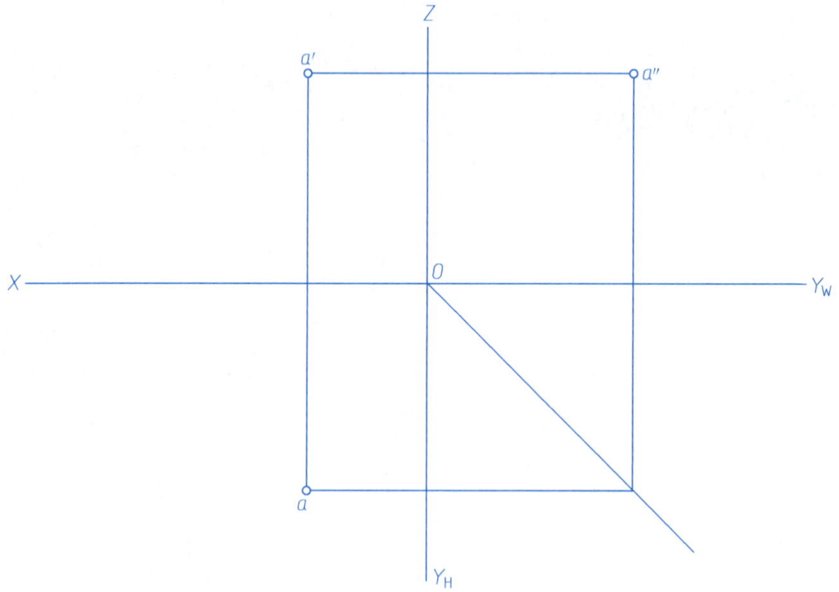

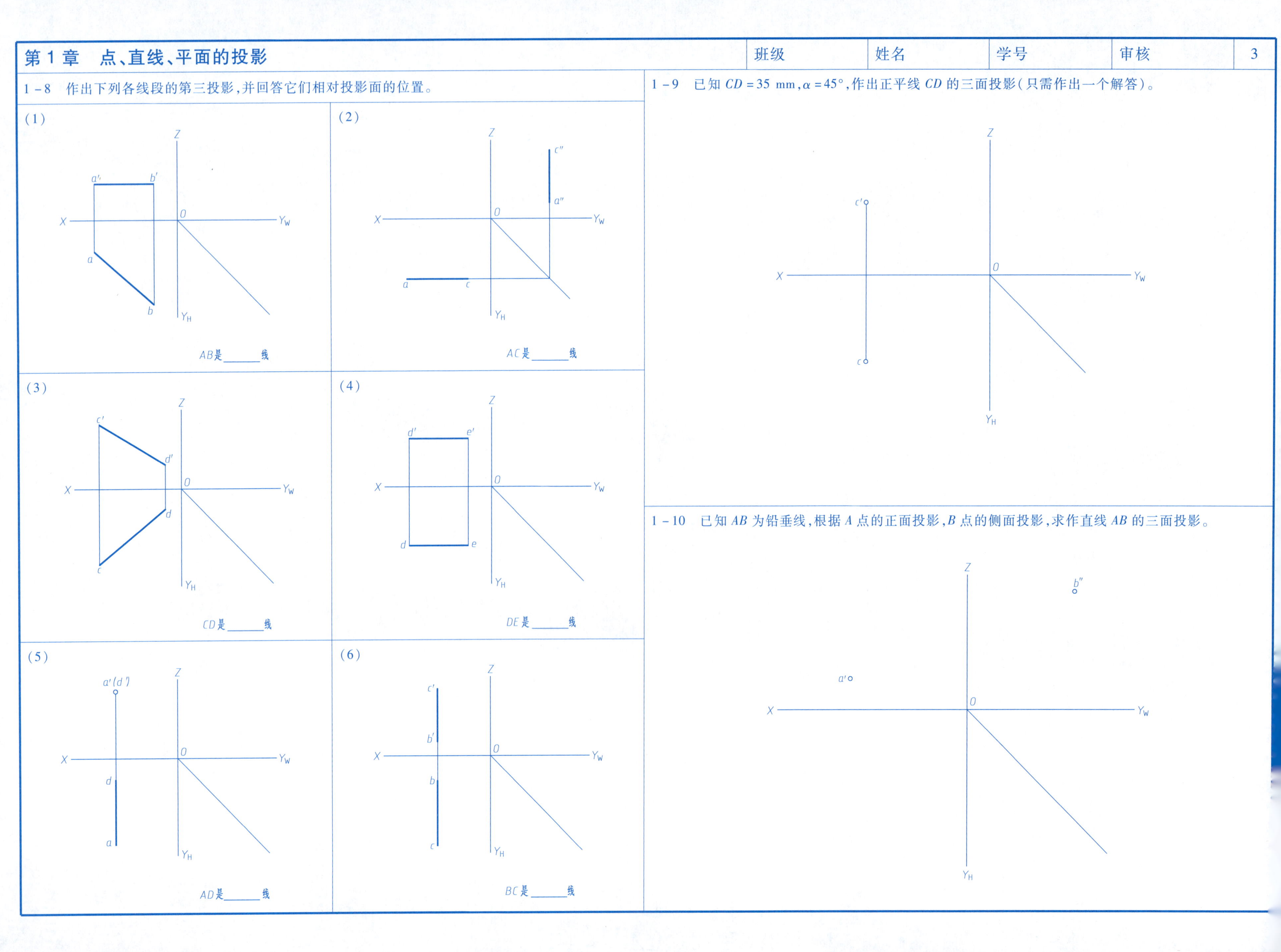

第 1 章　点、直线、平面的投影
班级
姓名
学号
审核
3
1－8　作出下列各线段的第三投影，并回答它们相对投影面的位置。
(1)
AB是______线
(2)
AC是______线
(3)
CD是______线
(4)
DE是______线
(5)
AD是______线
(6)
BC是______线
1－9　已知 CD＝35 mm，α＝45°，作出正平线 CD 的三面投影（只需作出一个解答）。
1－10　已知 AB 为铅垂线，根据 A 点的正面投影，B 点的侧面投影，求作直线 AB 的三面投影。

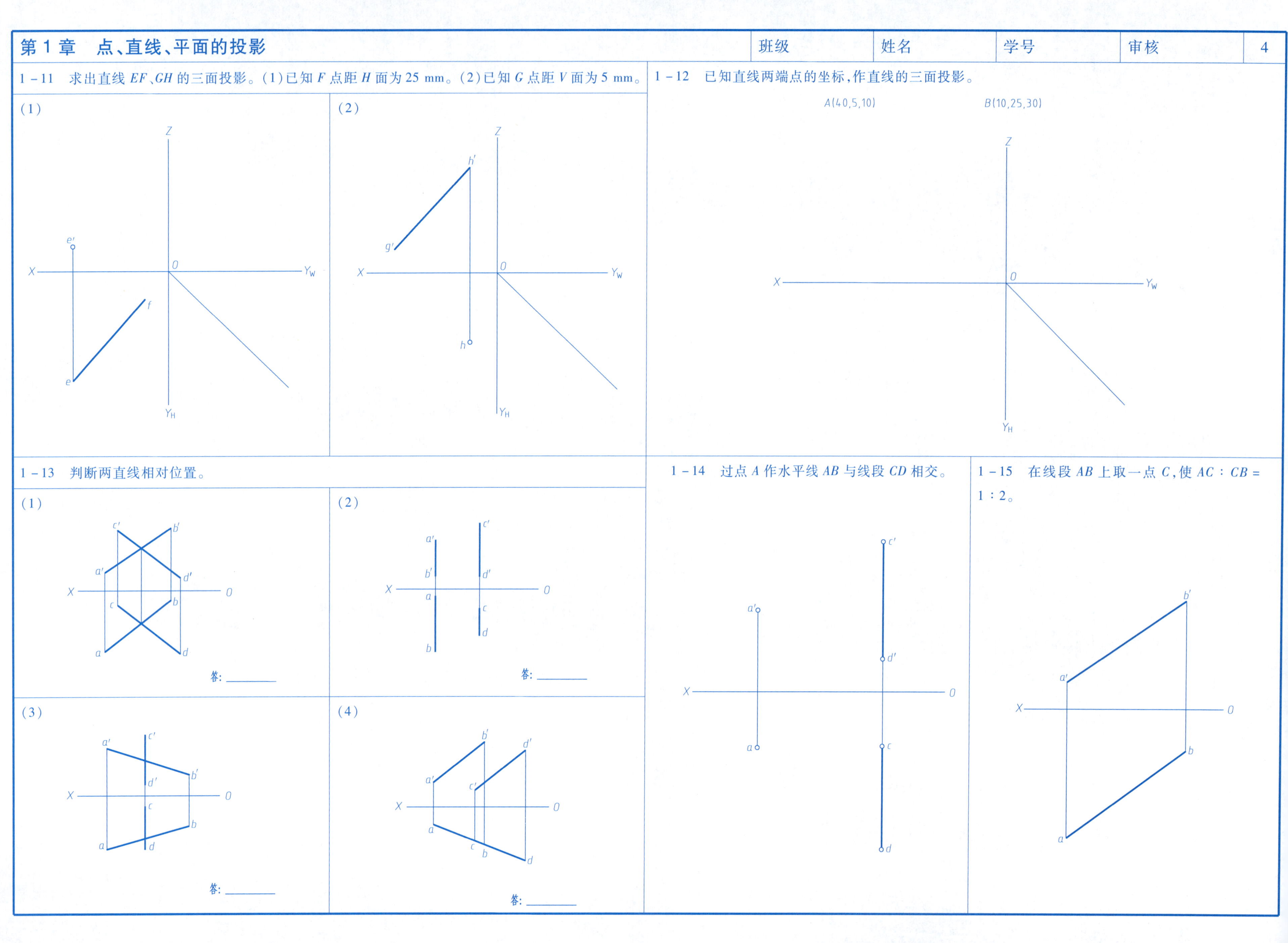
第 1 章　点、直线、平面的投影
班级
姓名
学号
审核
4
1 - 11　求出直线 EF、GH 的三面投影。(1)已知 F 点距 H 面为 25 mm。(2)已知 G 点距 V 面为 5 mm。
(1)
Z
e′
X
O
Y_W
f
e
Y_H
(2)
Z
h′
g′
X
O
Y_W
h
Y_H
1 - 12　已知直线两端点的坐标，作直线的三面投影。
A(40,5,10)
B(10,25,30)
Z
X
O
Y_W
Y_H
1 - 13　判断两直线相对位置。
(1)
c′
b′
a′
d′
X
O
c
b
a
d
答：
(2)
a′
c′
b′
d′
X
O
a
c
d
b
答：
(3)
a′
c′
d′
b′
X
O
c
b
a
d
答：
(4)
b′
d′
a′
c′
X
O
a
c
b
d
答：
1 - 14　过点 A 作水平线 AB 与线段 CD 相交。
c′
a′
d′
X
O
a
c
d
1 - 15　在线段 AB 上取一点 C，使 AC : CB = 1 : 2。
b′
a′
X
O
b
a

1－16 在投影中作出下列各平面的第三投影，并回答它们相对投影面的位置。

(1)

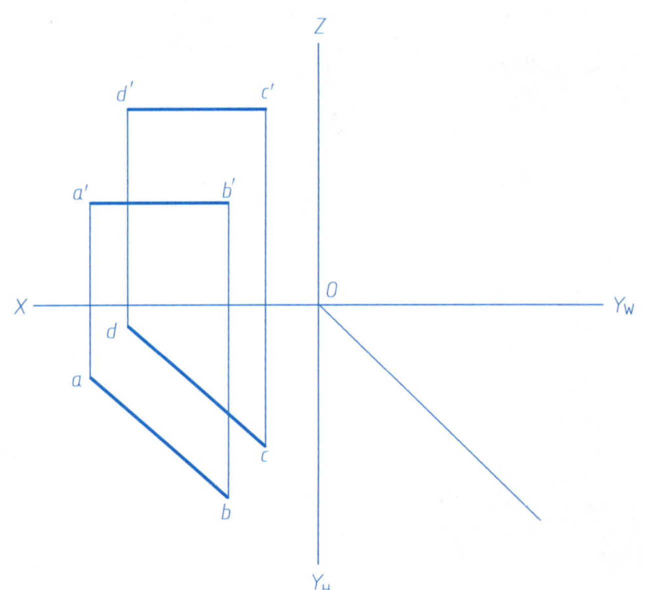

平面为__________面

(2)

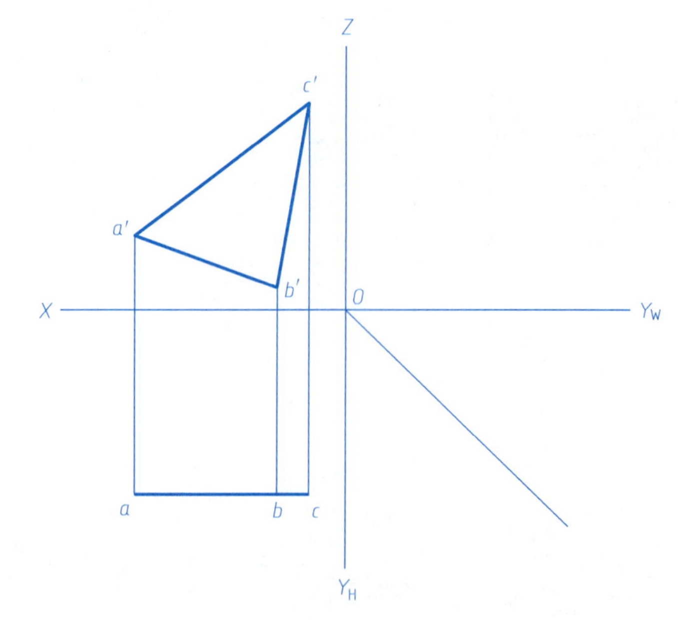

平面为__________面

(3)

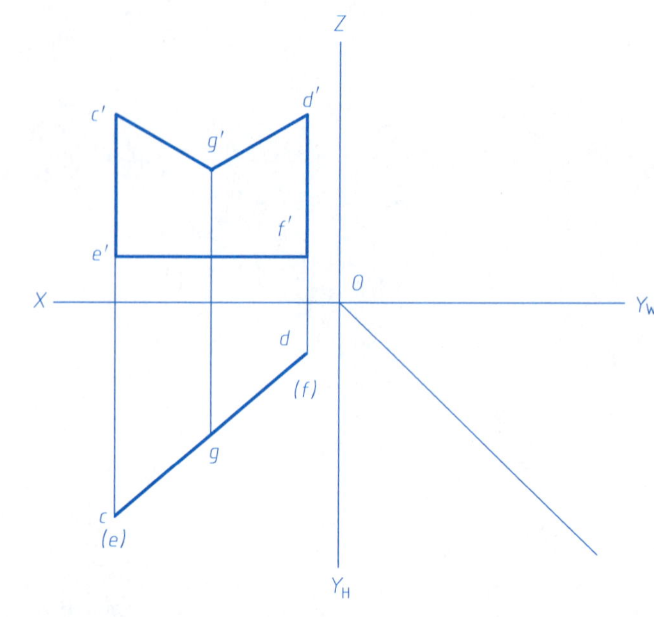

平面为__________面

1－17 直线 *AD* 属于已知平面 *MNFE*，求直线 *AD* 的另一投影。

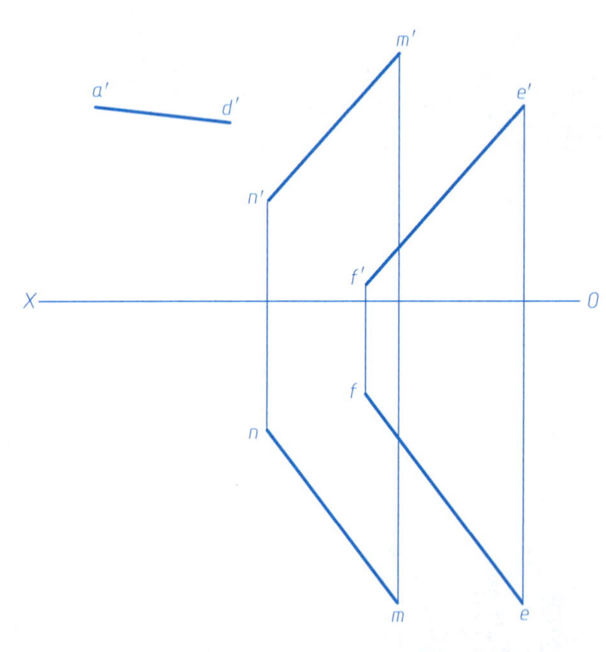

1－18 已知△*ABC* 与△*DEF* 共面，试补出△*DEF* 的另一投影。

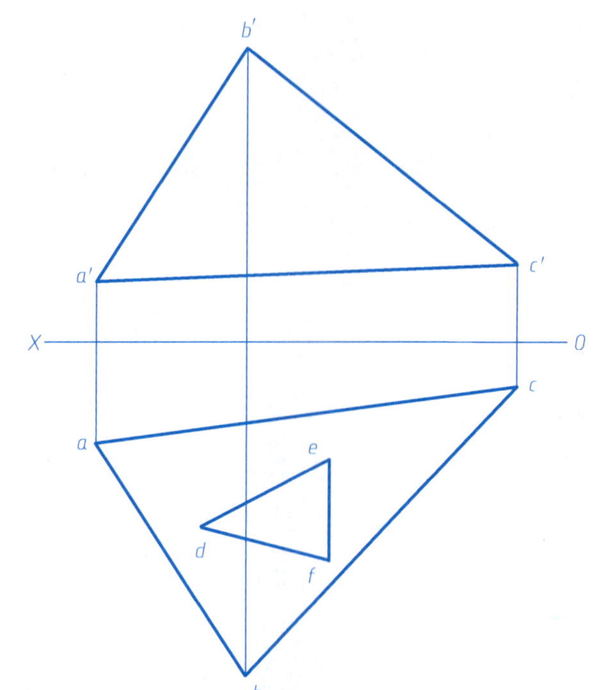

1－19 已知 *AD* 为正平线，完成平面图形 *ABCD* 的投影。

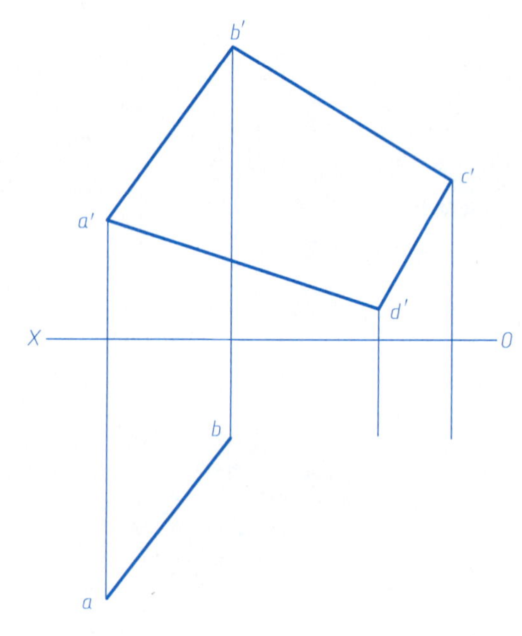

1－20　过点 A 作水平线 AB 平行于平面 CDE。

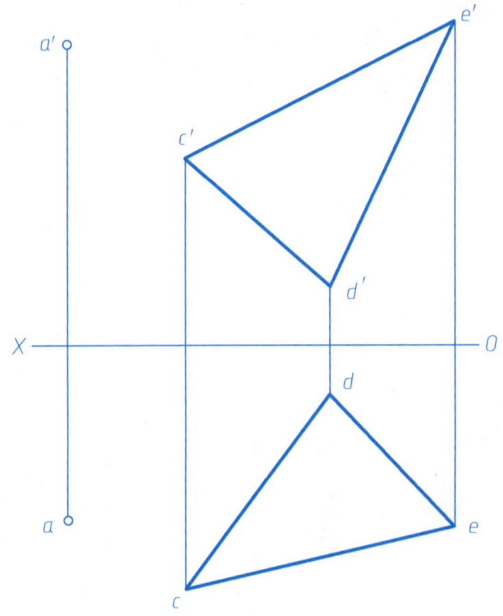

1－21　过直线 AB 作平面（用三角形表示）平行已知直线 MN。

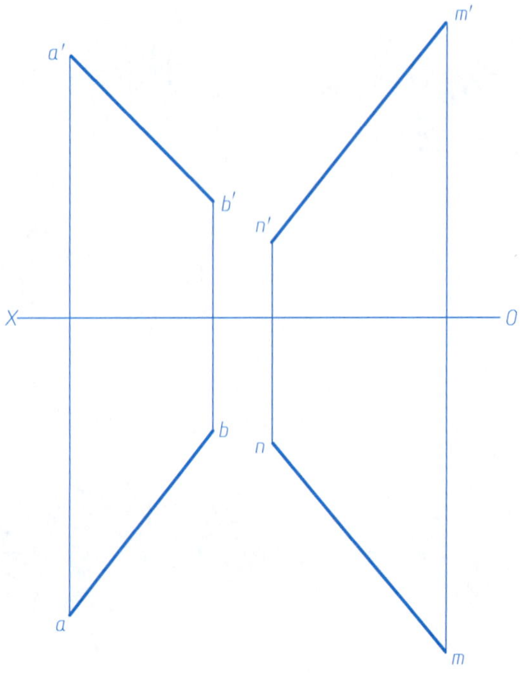

1－22　过点 D 作平面平行已知平面。

（1）

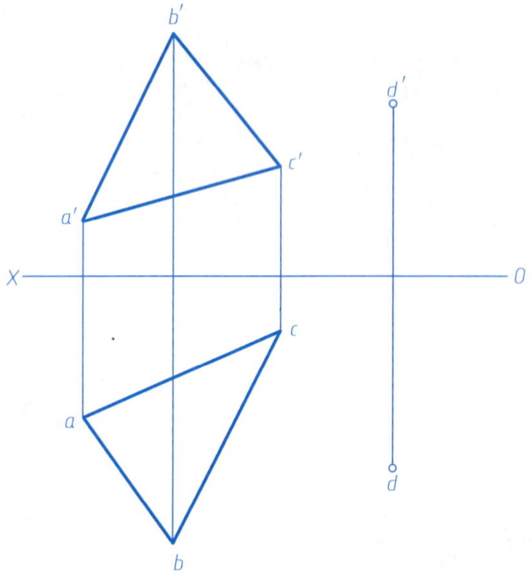

（2）

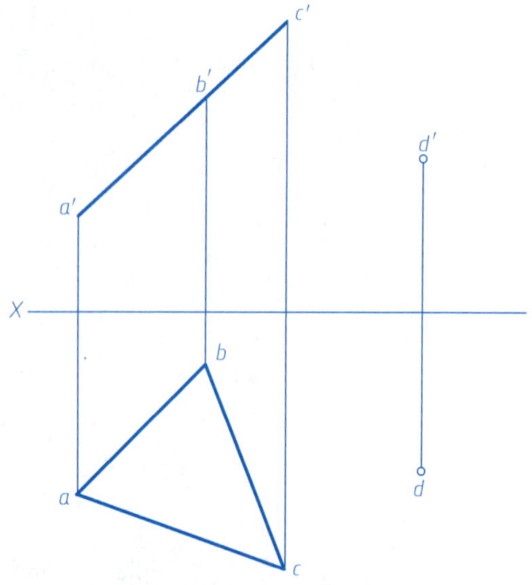

1－23　已知 EF∥△ABC，求作 $e'f'$。

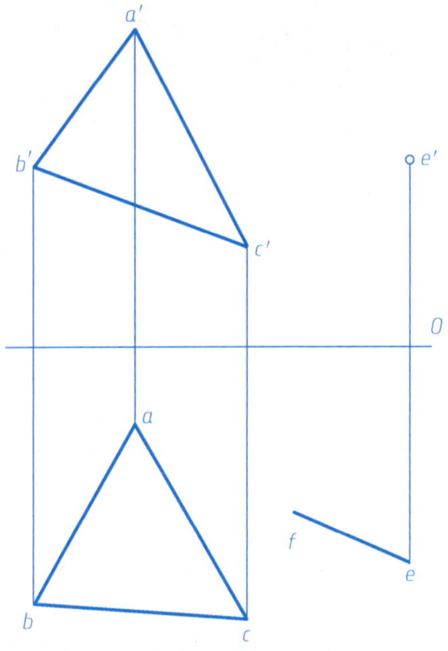

1－24　求直线 MN 与平面的交点 K，并判别直线的可见性。

（1）

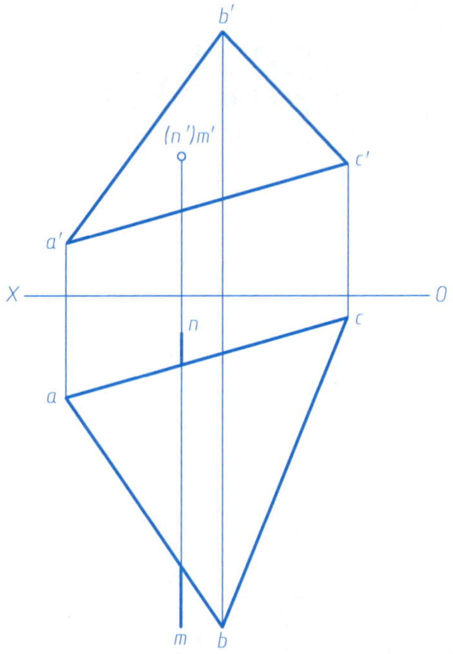

（2）

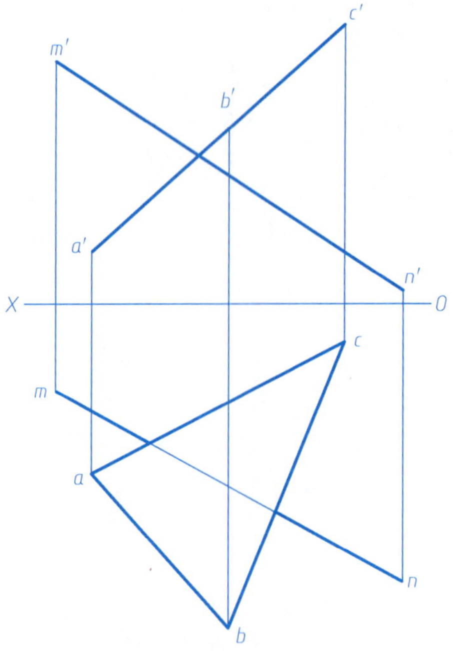

1－25　求两平面的交线，并表明平面的可见性。

（1）

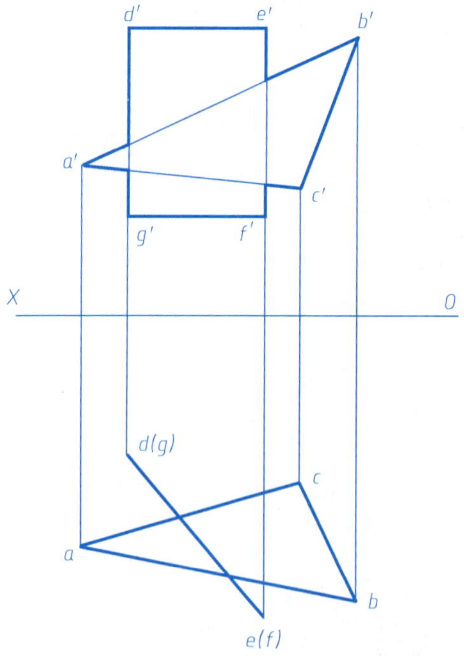

（2）

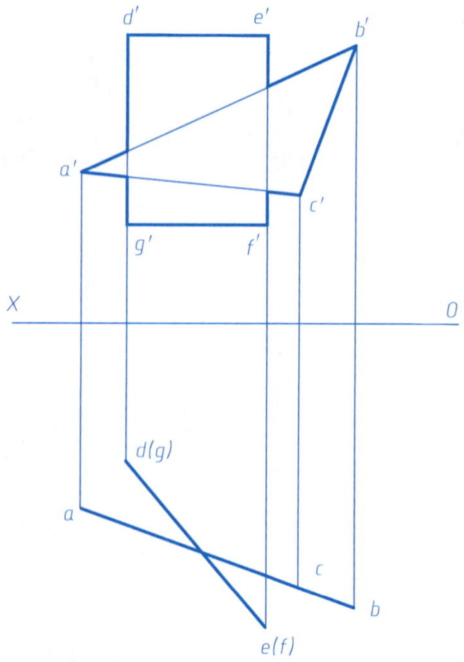

2-1 完成下列平面立体的三面投影，并补全立体表面上点、线的投影（括号表示该投影不可见）。

(1)

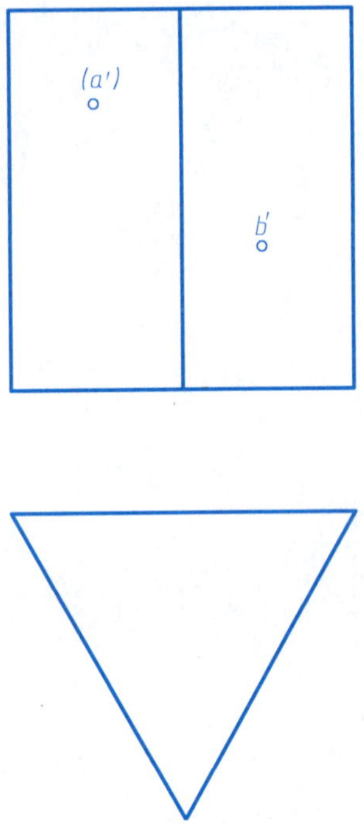

(a′) b′

(2)

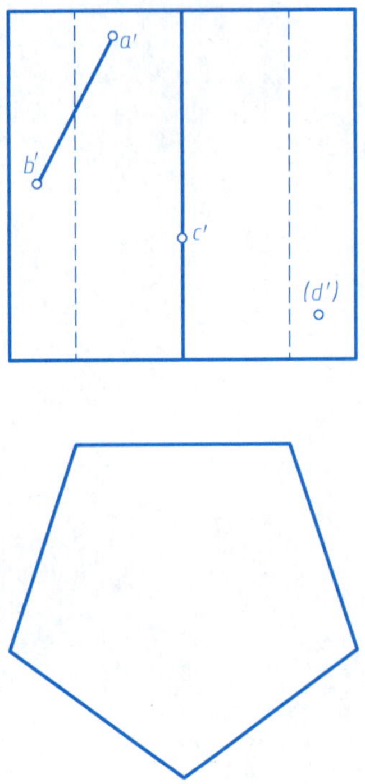

a′ b′ c′ (d′)

(3)

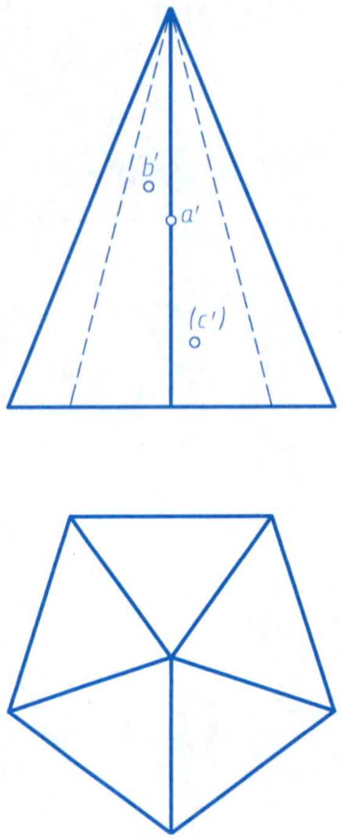

b′ a′ (c′)

2-2 完成下列平面立体的三面投影，回答问题，并补全立体表面上的点、线的投影。

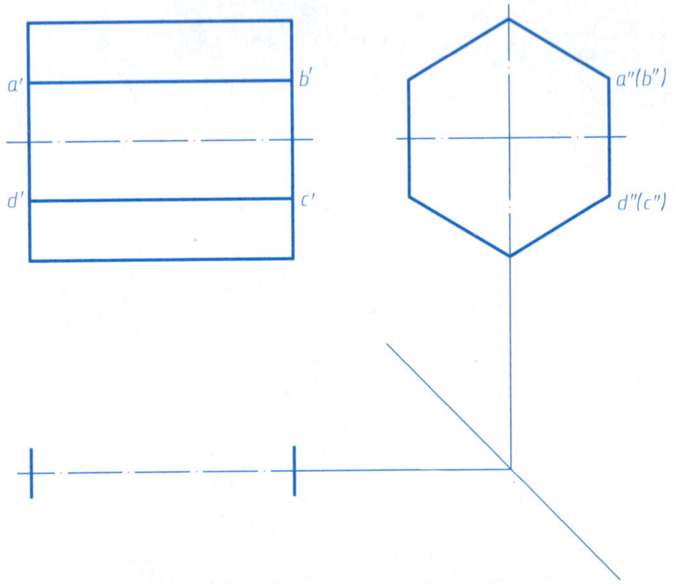

a′ b′ d′ c′ a″(b″) d″(c″)

ABCD是__________面

AD是__________线

AB是__________线

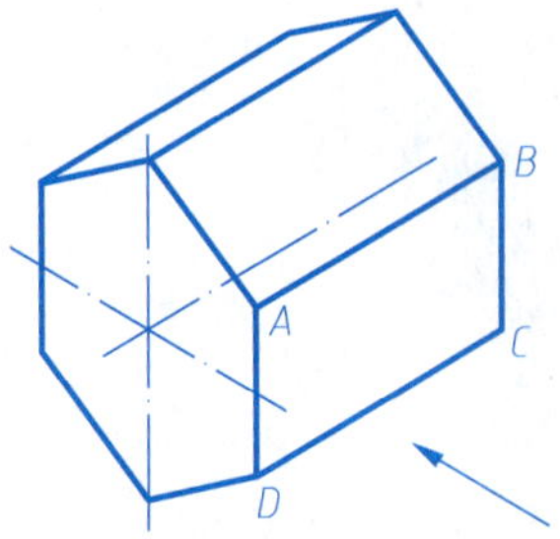

A B C D

2-3 补画三棱锥的侧面投影，在各顶点处标出相应字母，并写出直线反映实长的投影。

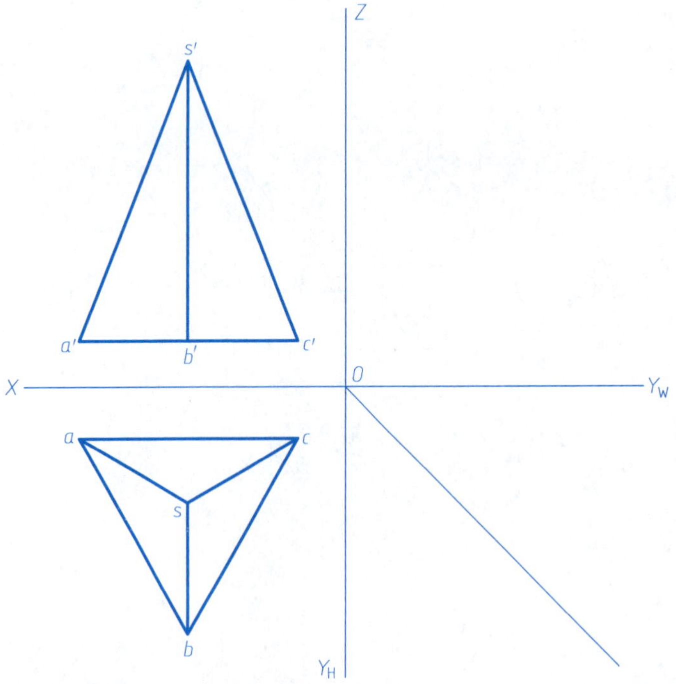

s′ a′ b′ c′ Z X O Y_W Y_H a c s b

反映实长的投影为：

____

____

____

____

____

2－4　补全立体表面上的点、线的投影。

(1)

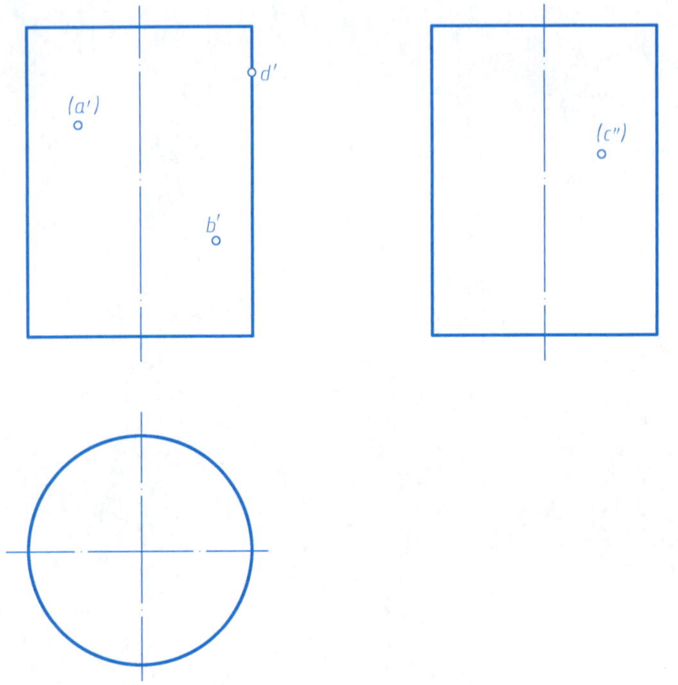

(2)

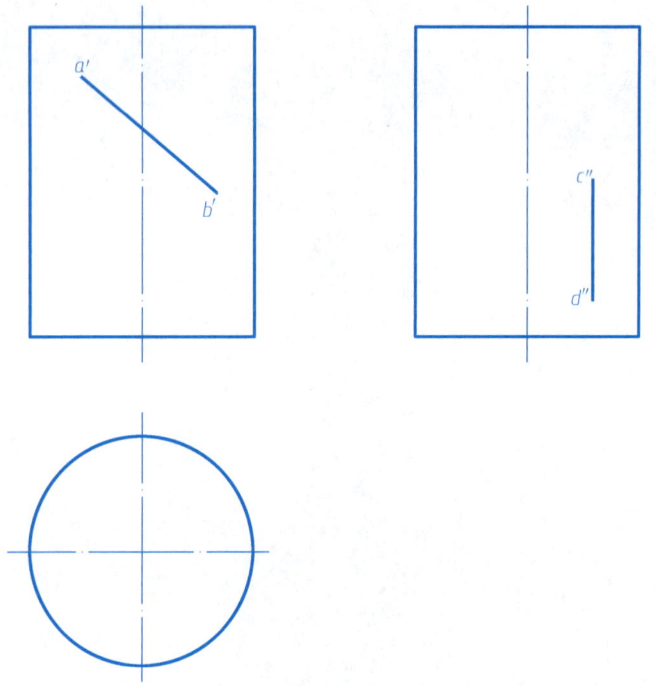

(3)

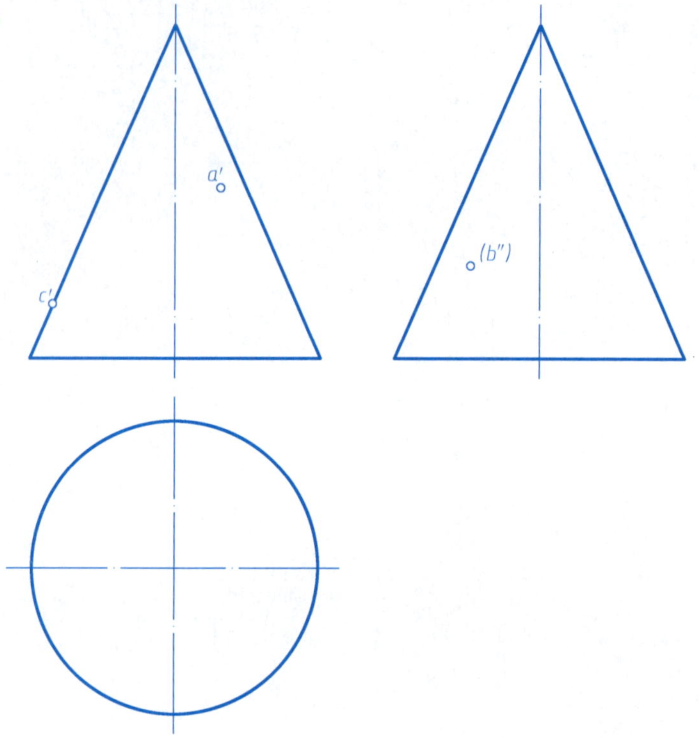

(4)

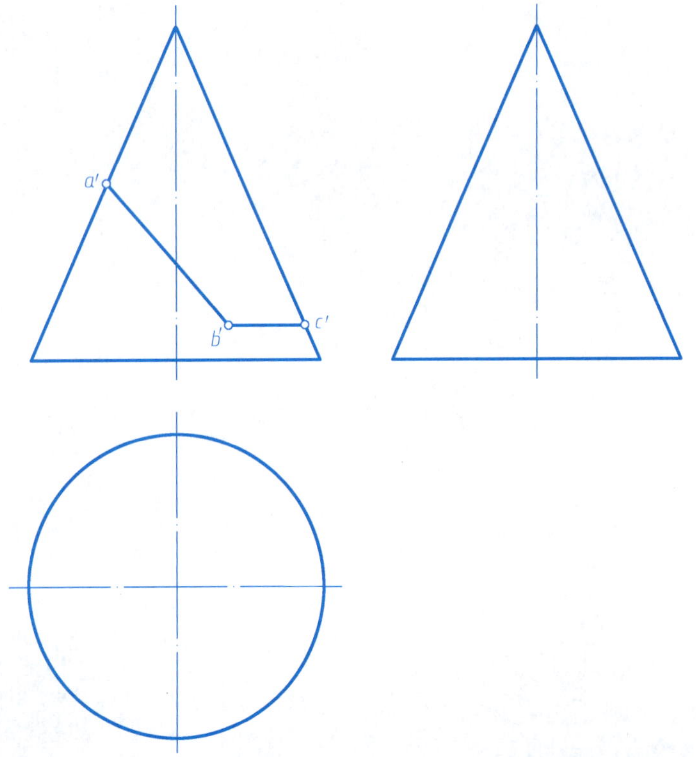

(5)

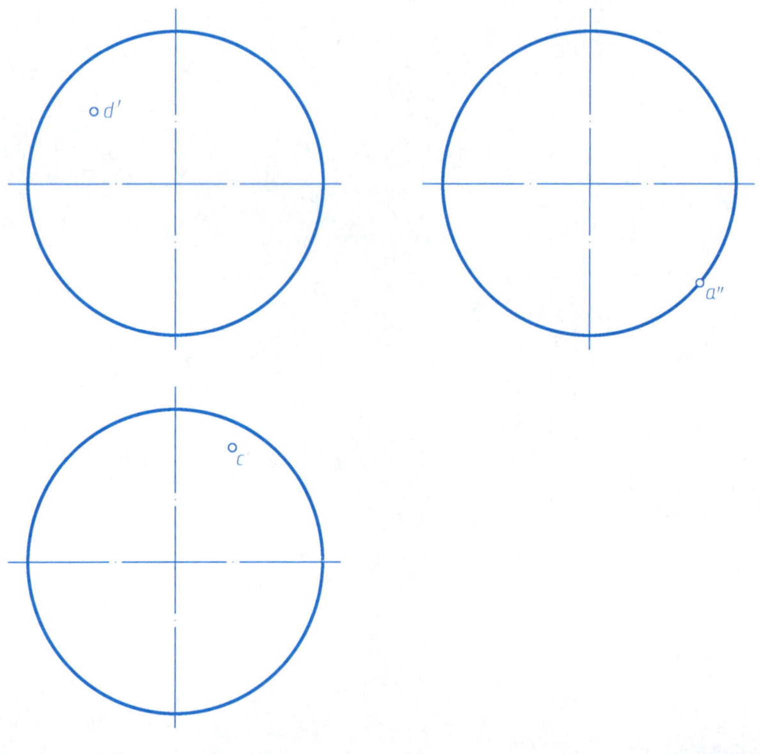

(6)

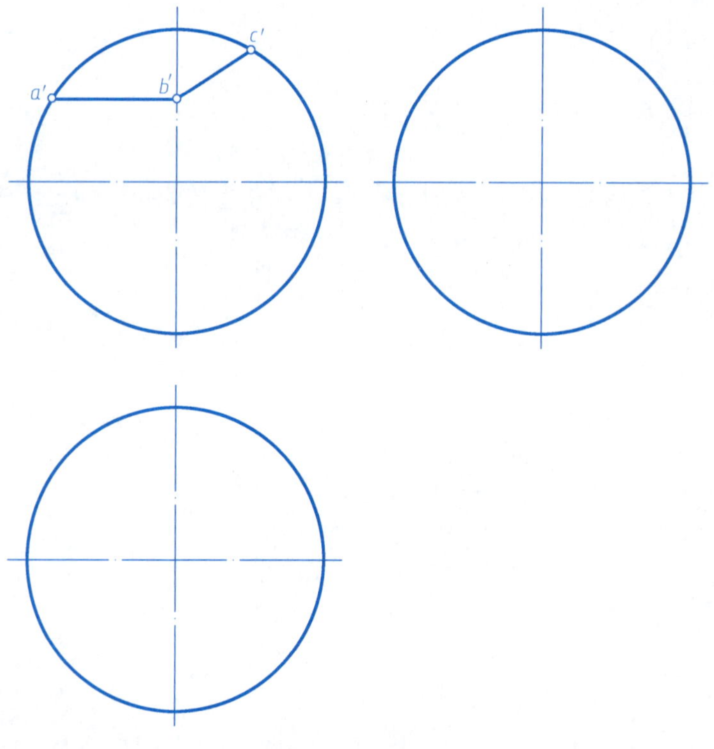

2-5　补画五棱柱截切后的侧面投影。

2-6　补画四棱锥截切后的正面投影，并补全水平投影。

2-7　参照立体图补全图中所缺少的图线。

(1)

(2)

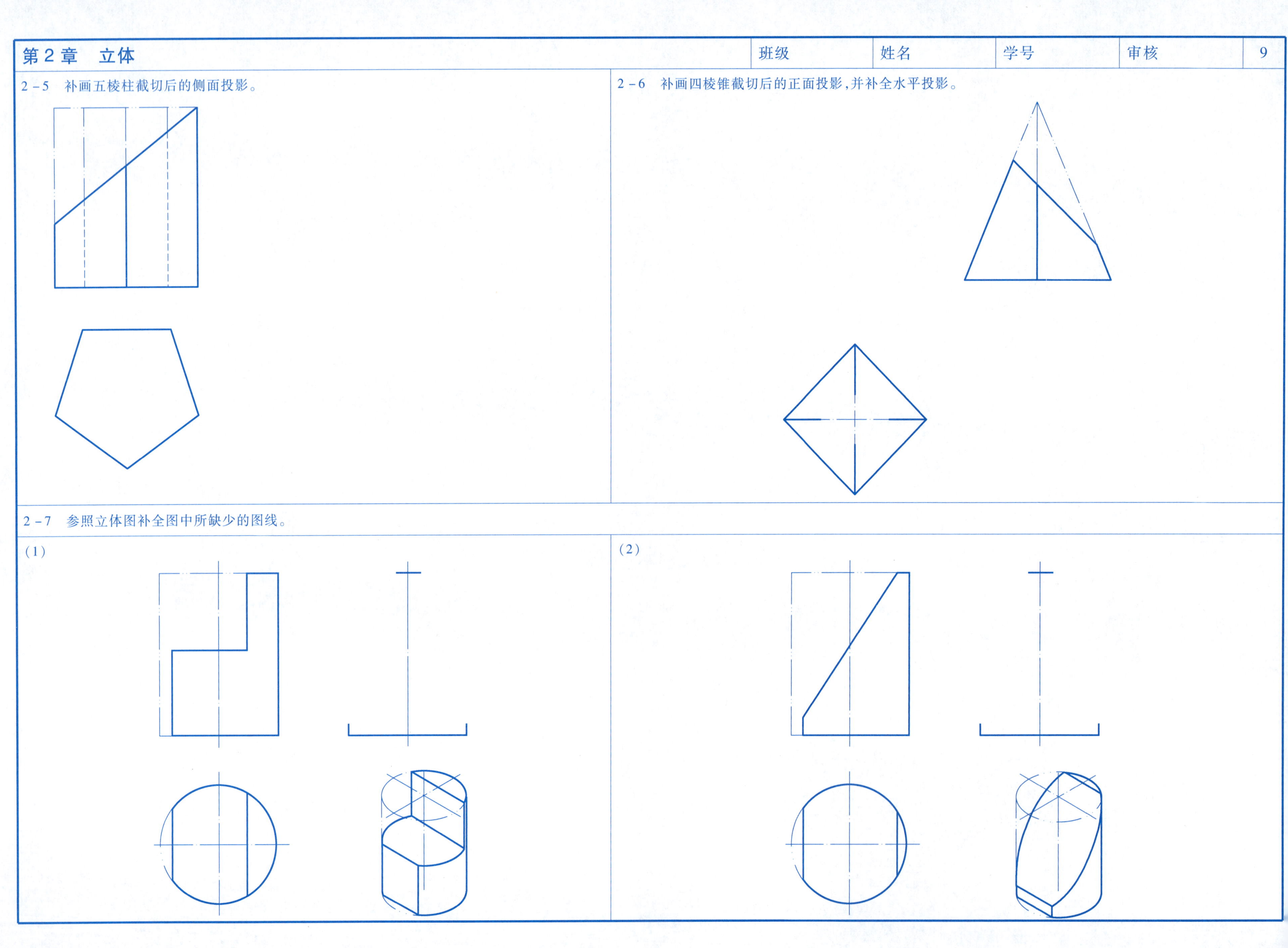

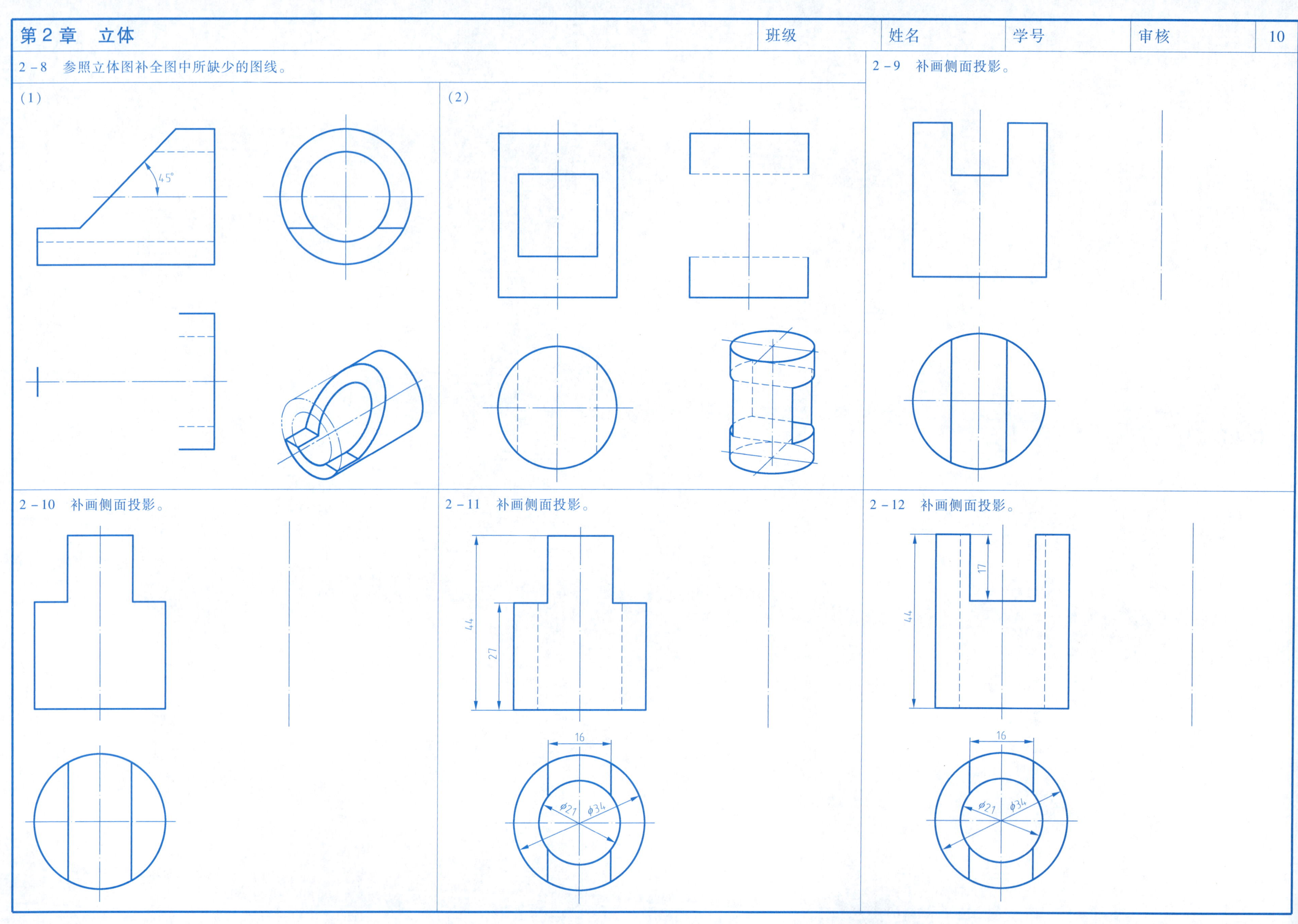

第2章　立体
班级
姓名
学号
审核
10
2－8　参照立体图补全图中所缺少的图线。
(1)
45°
(2)
2－9　补画侧面投影。
2－10　补画侧面投影。
2－11　补画侧面投影。
44
27
16
φ21
φ34
2－12　补画侧面投影。
17
44
16
φ21
φ34

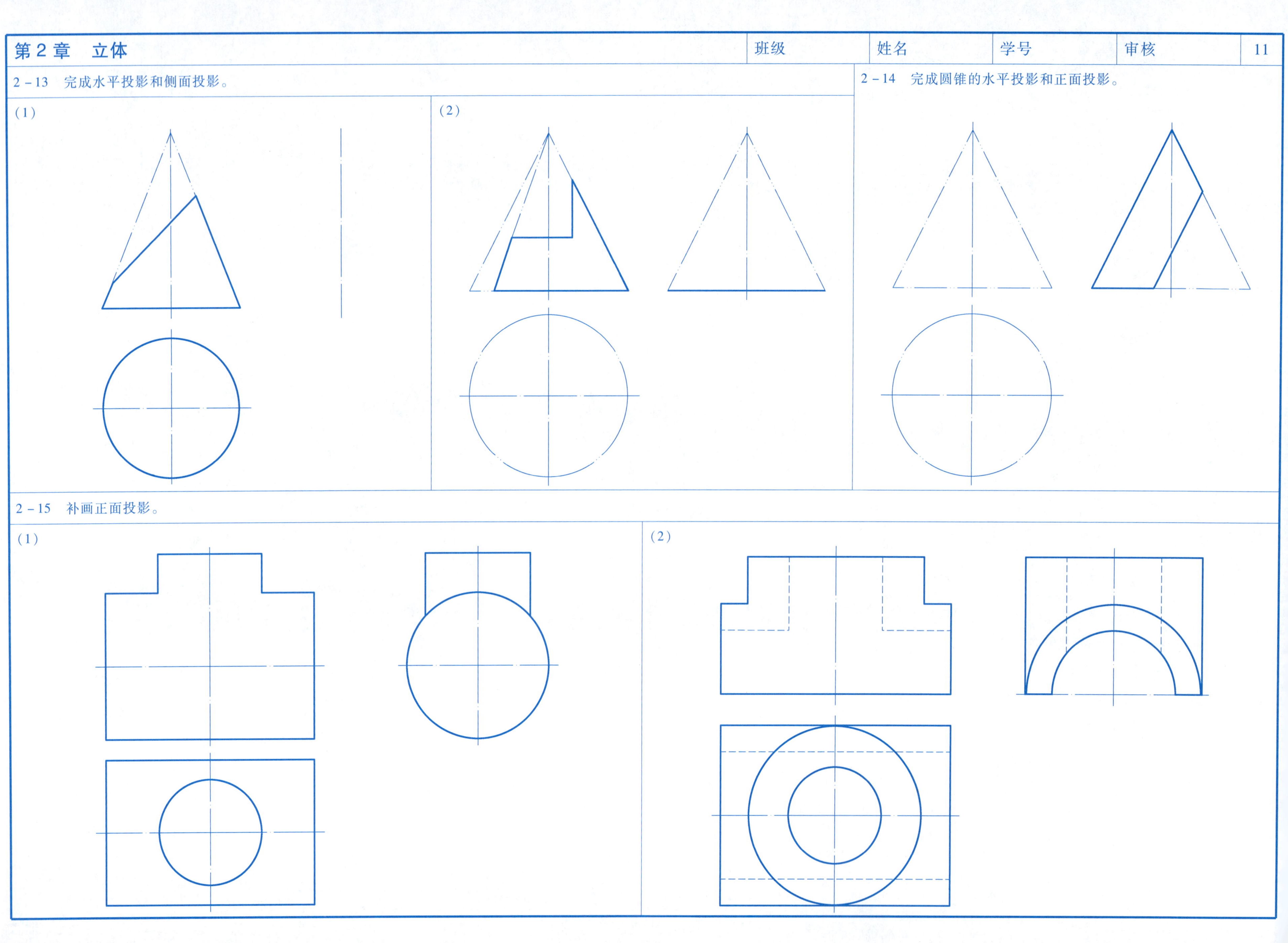
2－13　完成水平投影和侧面投影。
(1)
(2)
2－14　完成圆锥的水平投影和正面投影。
2－15　补画正面投影。
(1)
(2)

2－16　补全图中所缺少的图线。

(1)

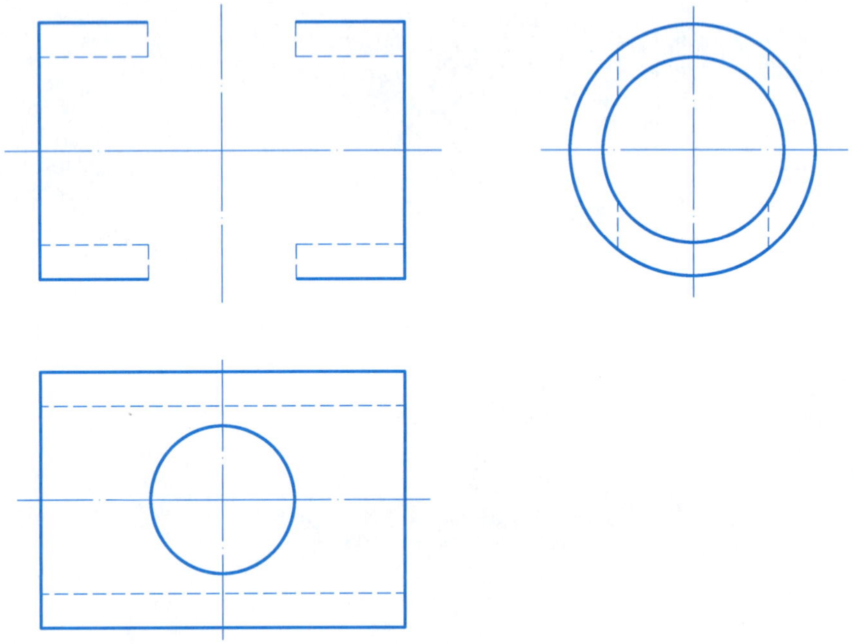

(2)

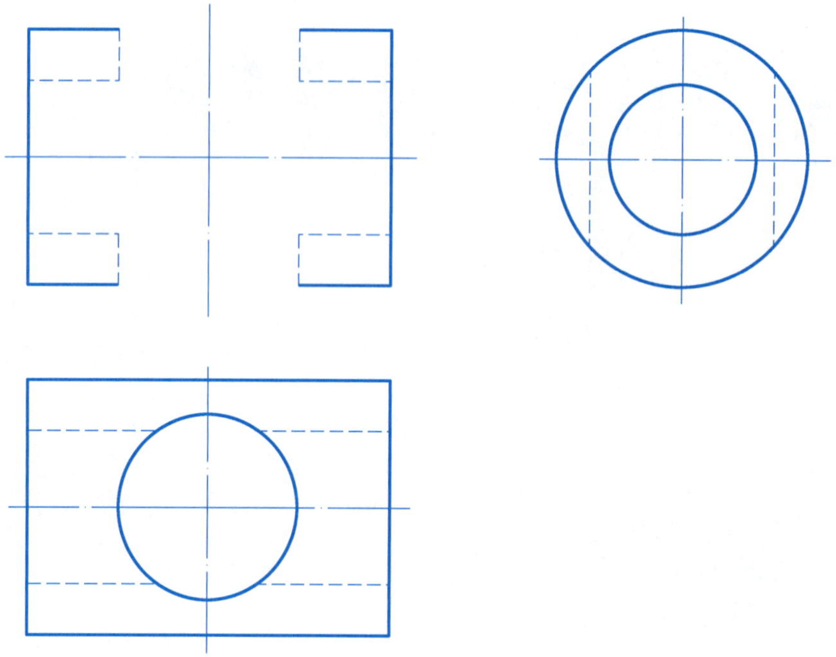

2－17　看懂形体，分析表面交线的特点，并完成正面投影图。

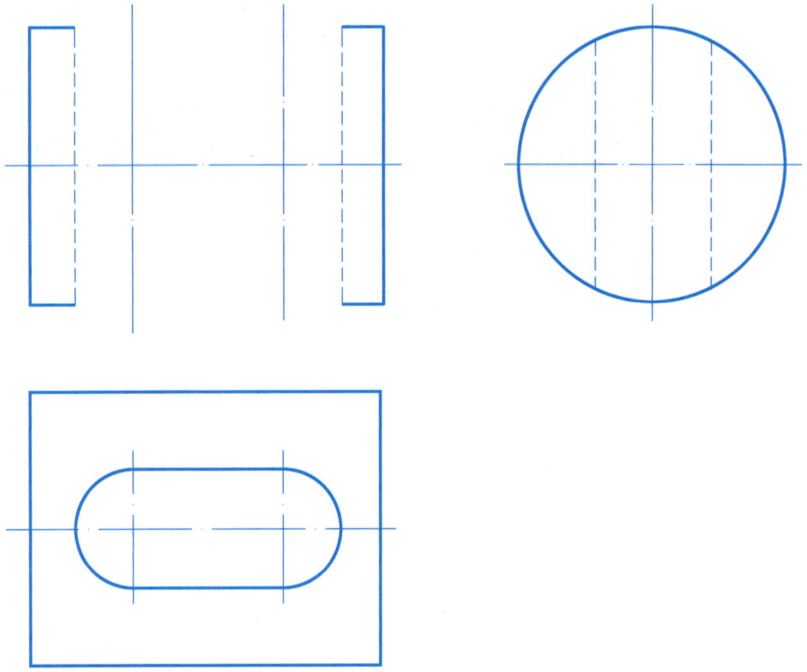

2－18　补画正面投影。

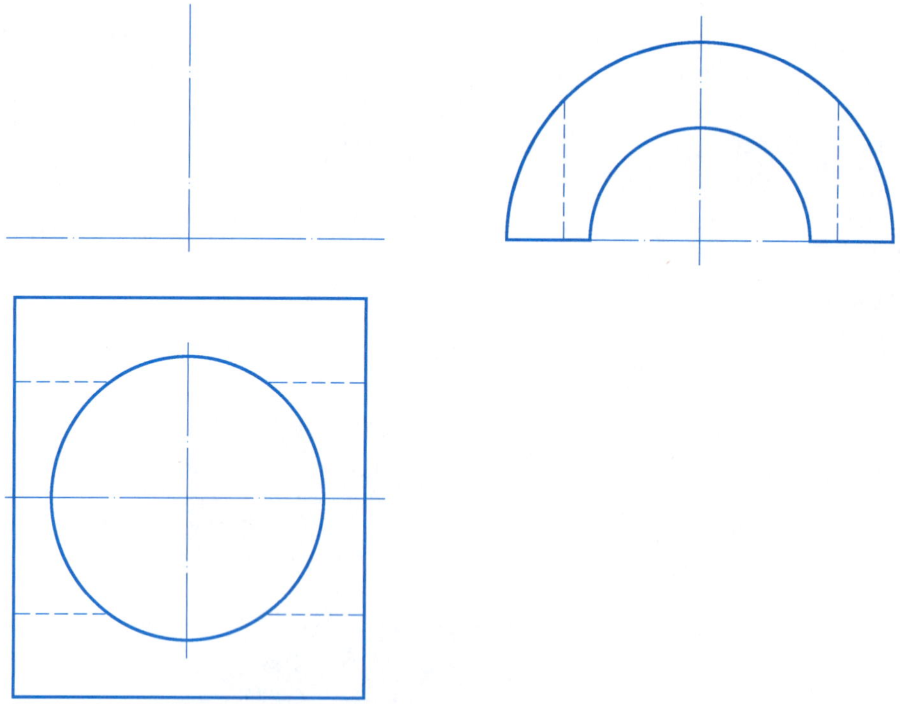

2－19　求两圆柱的相贯线。

2－20　求圆柱相交后相贯线的投影。

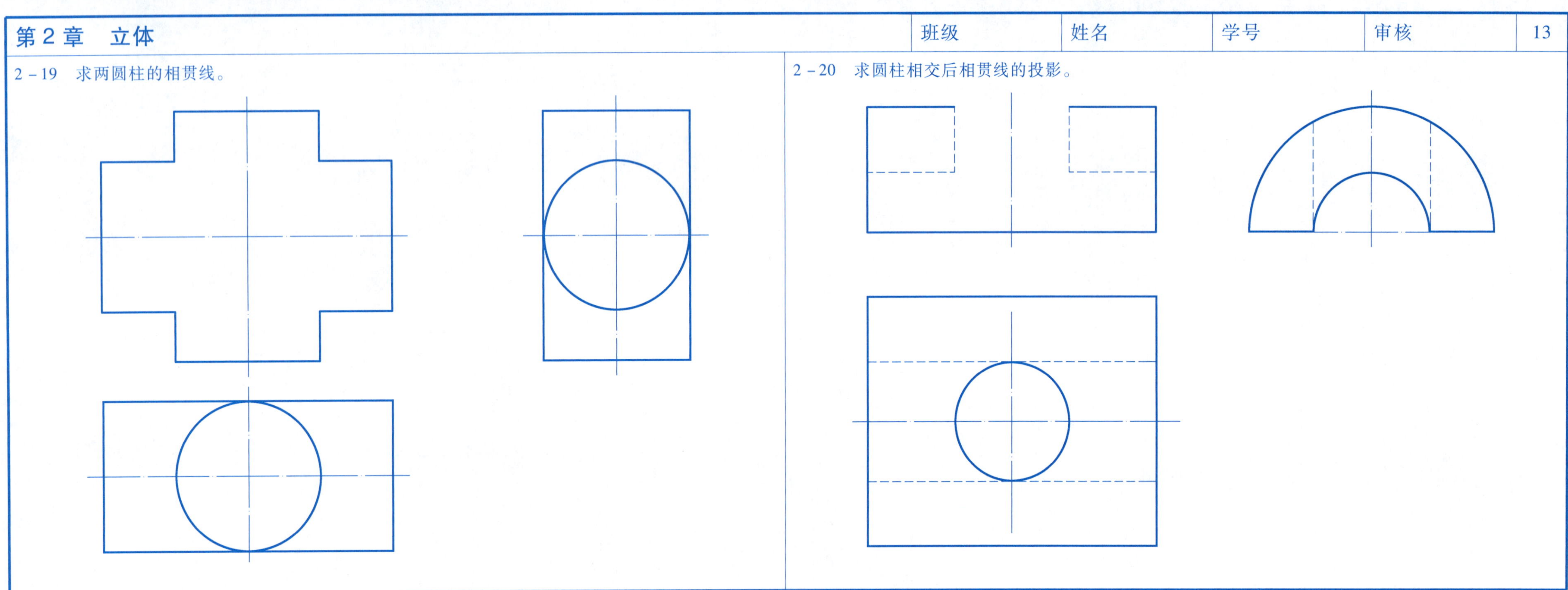

3-1 字体练习。

机械制图比例材料审核上下左右前
后内外方向大小与于技术要求中心
齿轮半径圆角规定标注铸造孔洞庭
班级姓名学号日期零件序数量格国
设计螺栓弹簧母柱键盖轴套销钉座
ABCDEFGHIJKLMNOPQRSTUVWXYZ
abcdefghijklmnopqrstuvwxyz
0 1 2 3 4 5 6 7 8 9 0 1 2 3 4 5 6 7 8 9
0 1 2 3 4 5 6 7 8 9 0 1 2 3 4 5 6 7 8 9

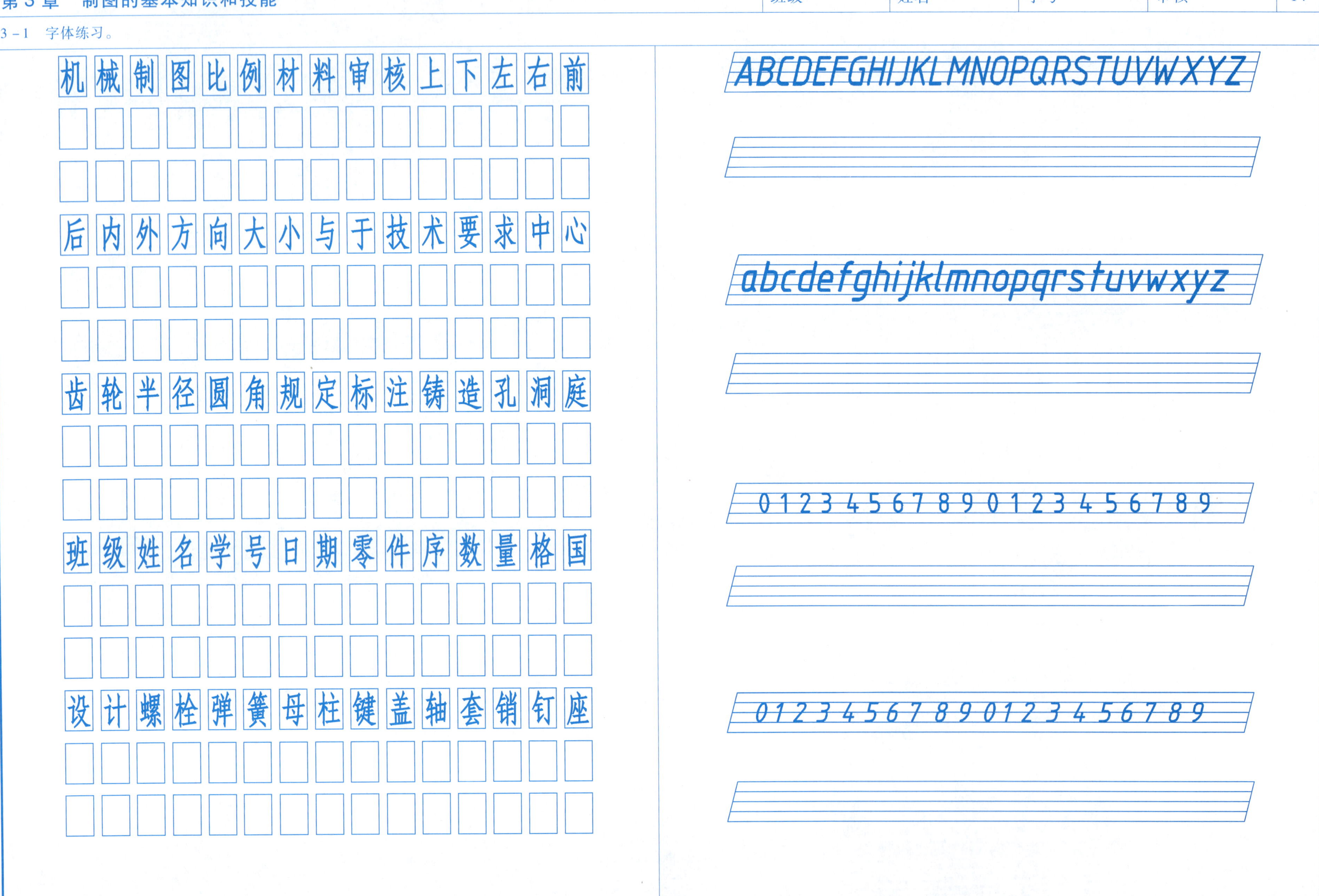

3－2　徒手及用绘图软件绘制平面图形（不标注尺寸）。

(1)

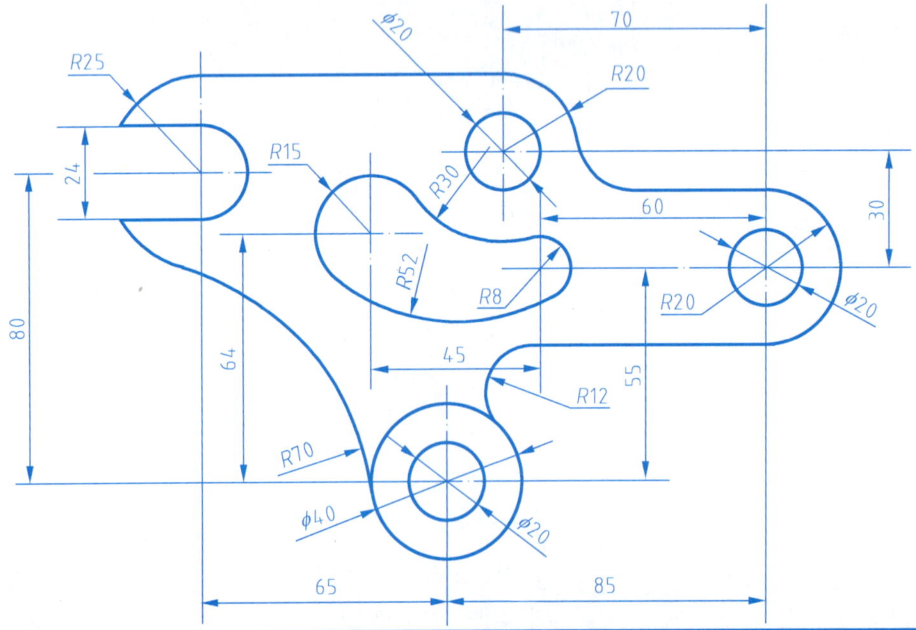

R25
R20
70
ϕ20
R15
R30
60
30
24
R52
R8
R20
ϕ20
80
64
45
R12
55
R70
ϕ40
ϕ20
65
85

(2)

ϕ10
ϕ18
60
R10
75°
ϕ12
ϕ20
ϕ31
ϕ24
50

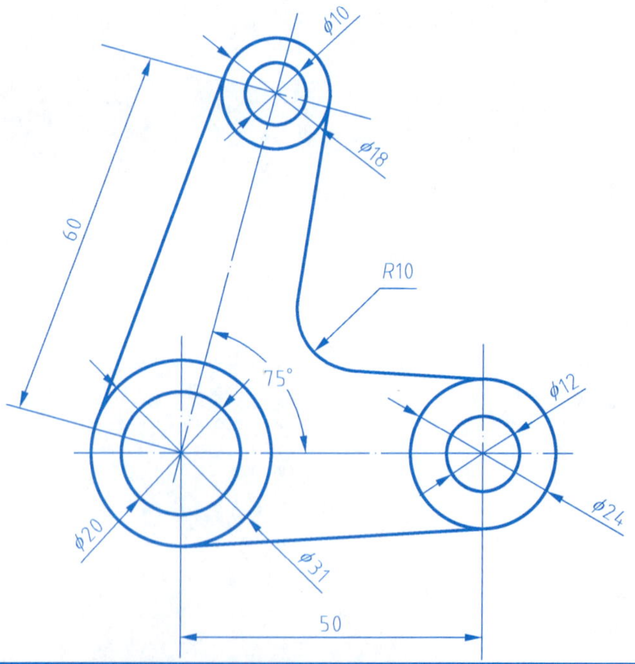

4－1　徒手画三视图。

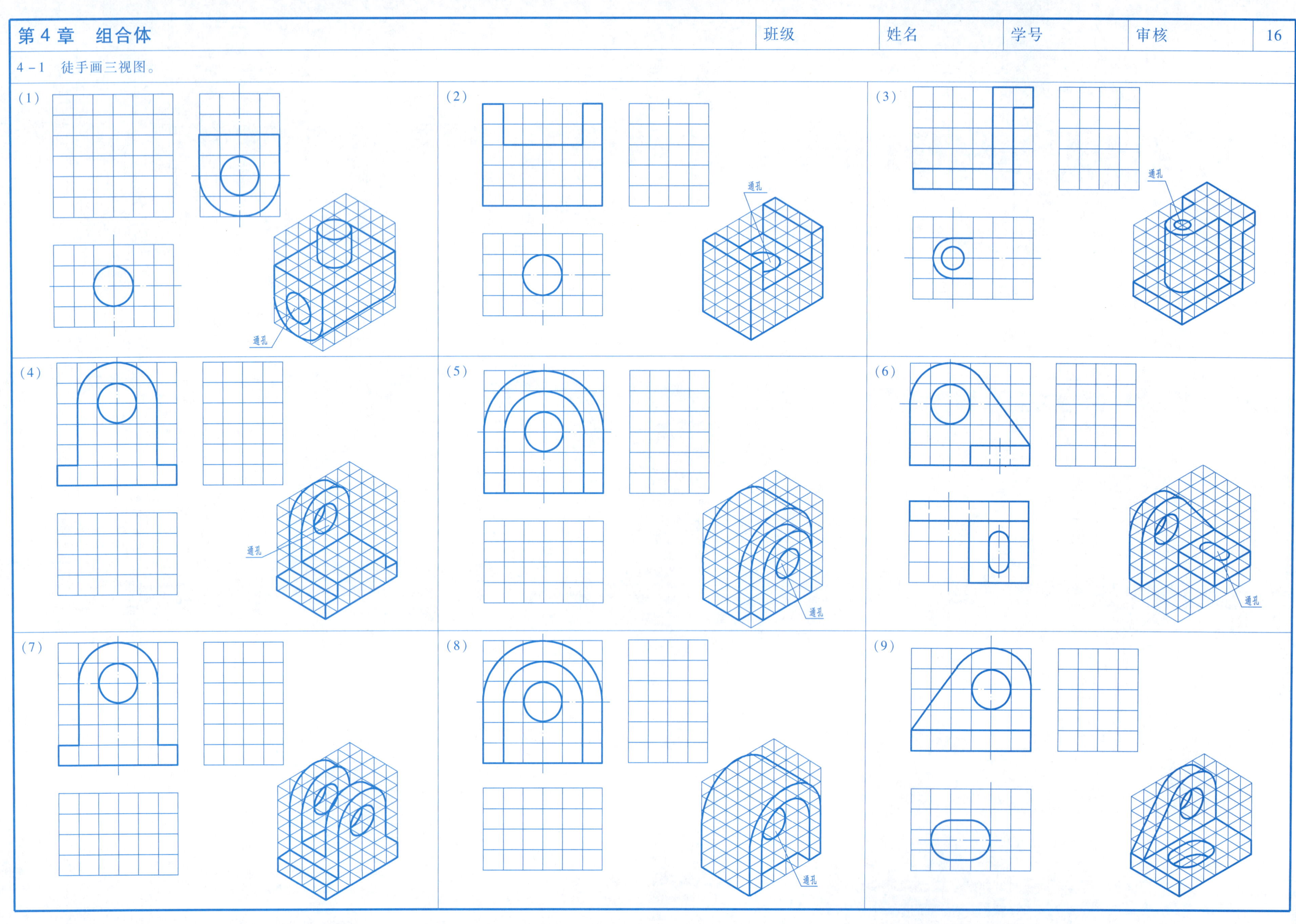

4－2　根据立体图及所注尺寸，按1：1画出组合体的三个视图并进行三维建模。

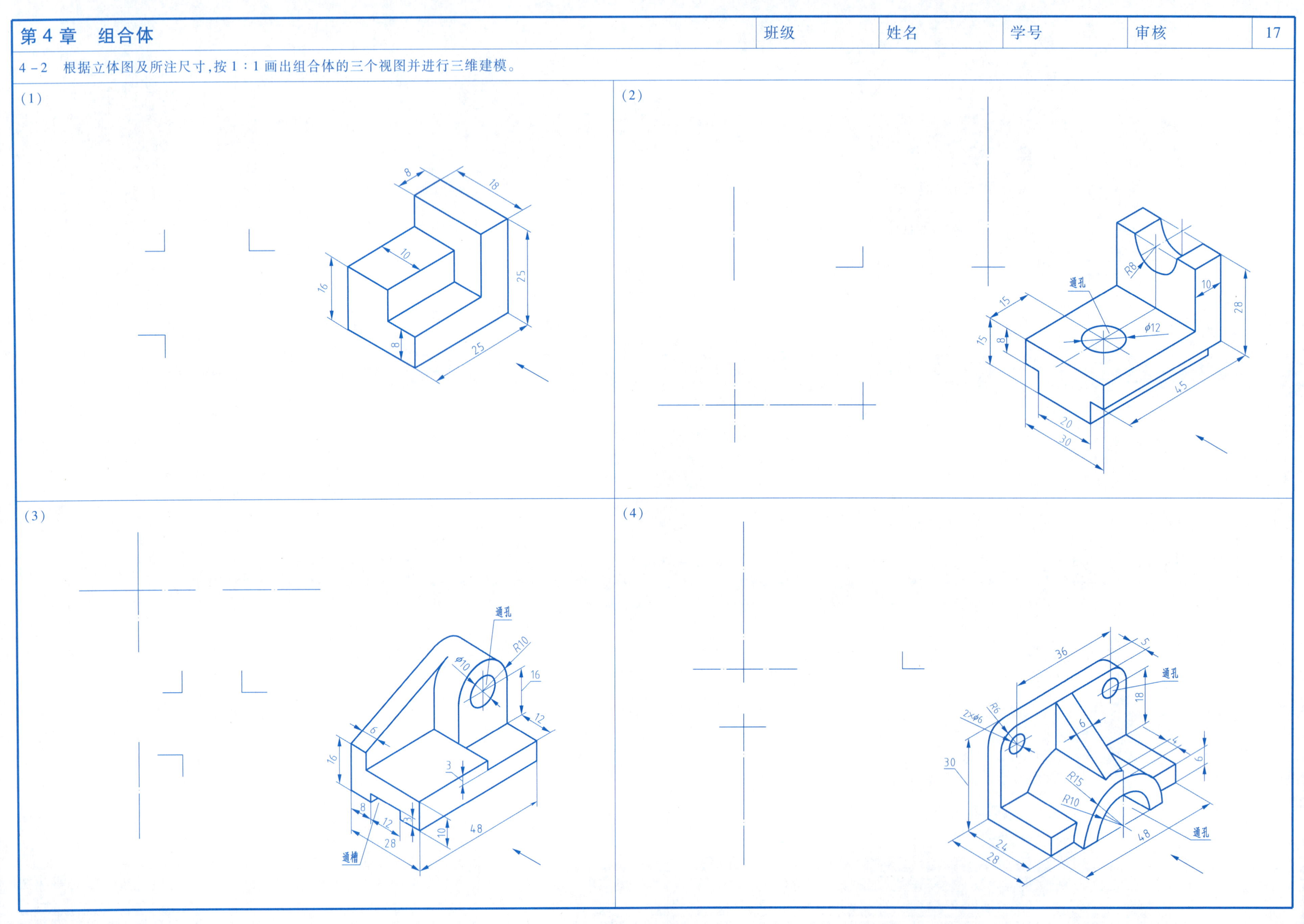

4－3　根据立体图，补全视图中所缺的图线。

4－4　补画视图中所缺的线条。

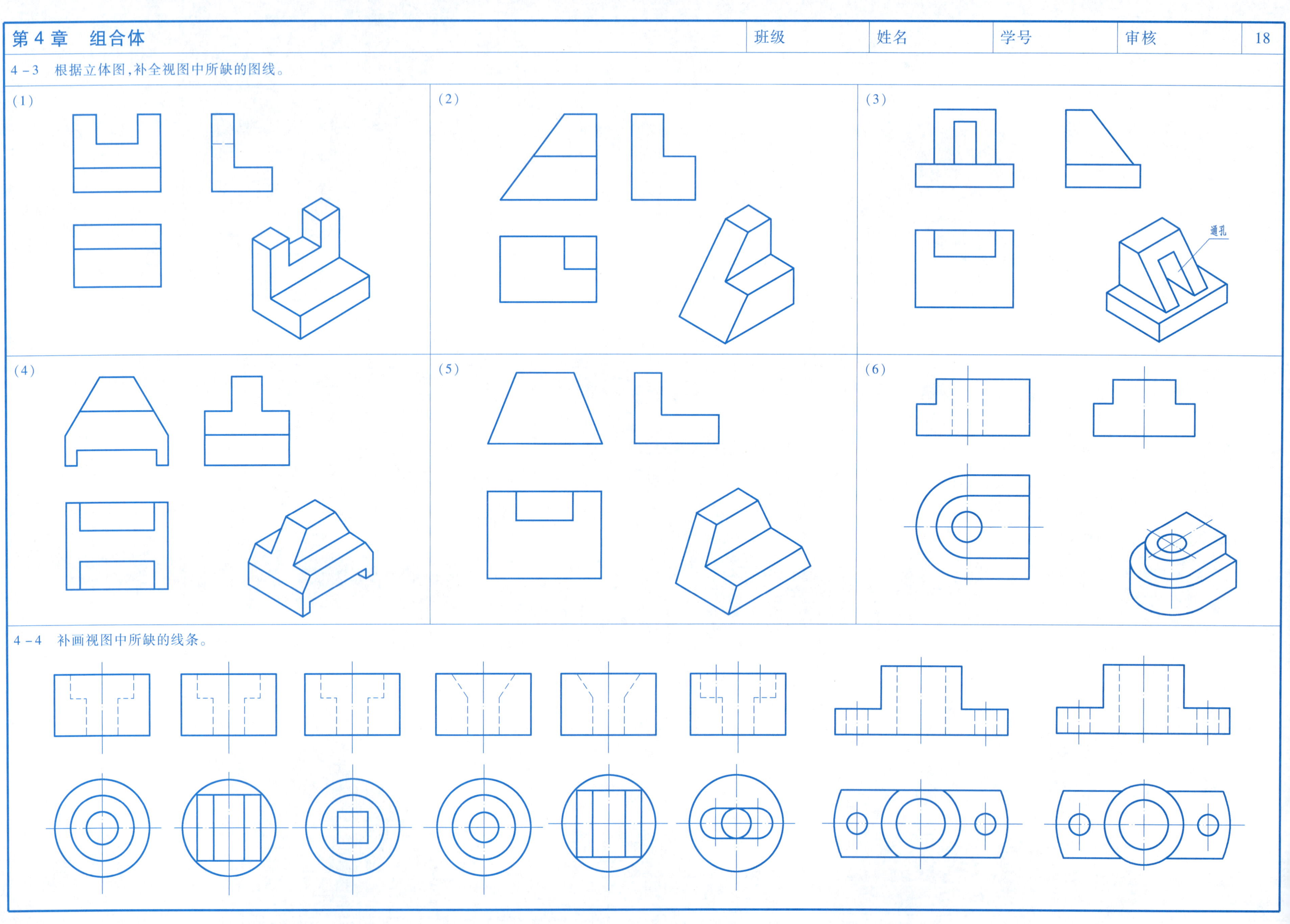

4－5　补全视图中所缺的图线，并进行三维建模。

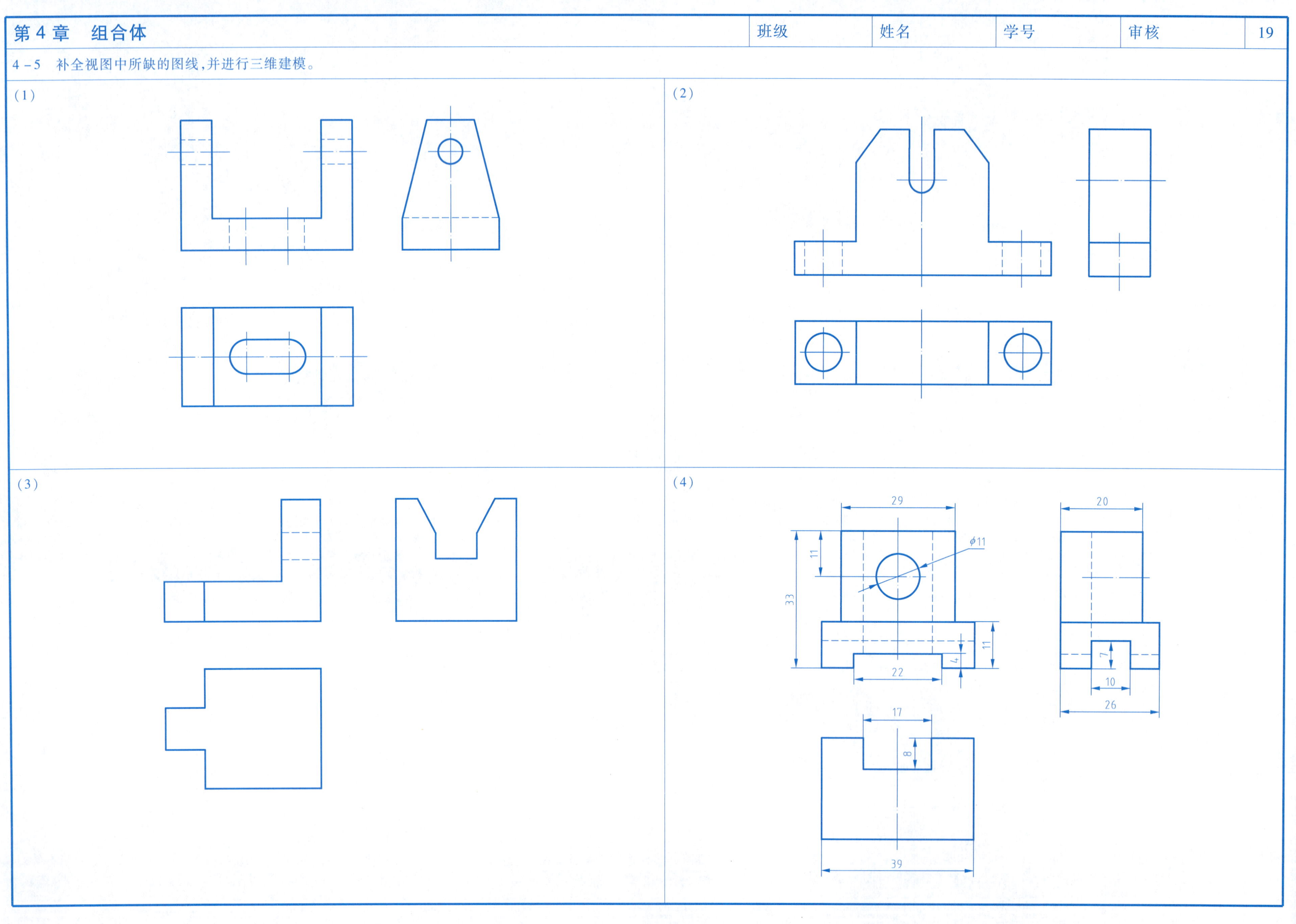

4-6　根据立体图补画第三视图。

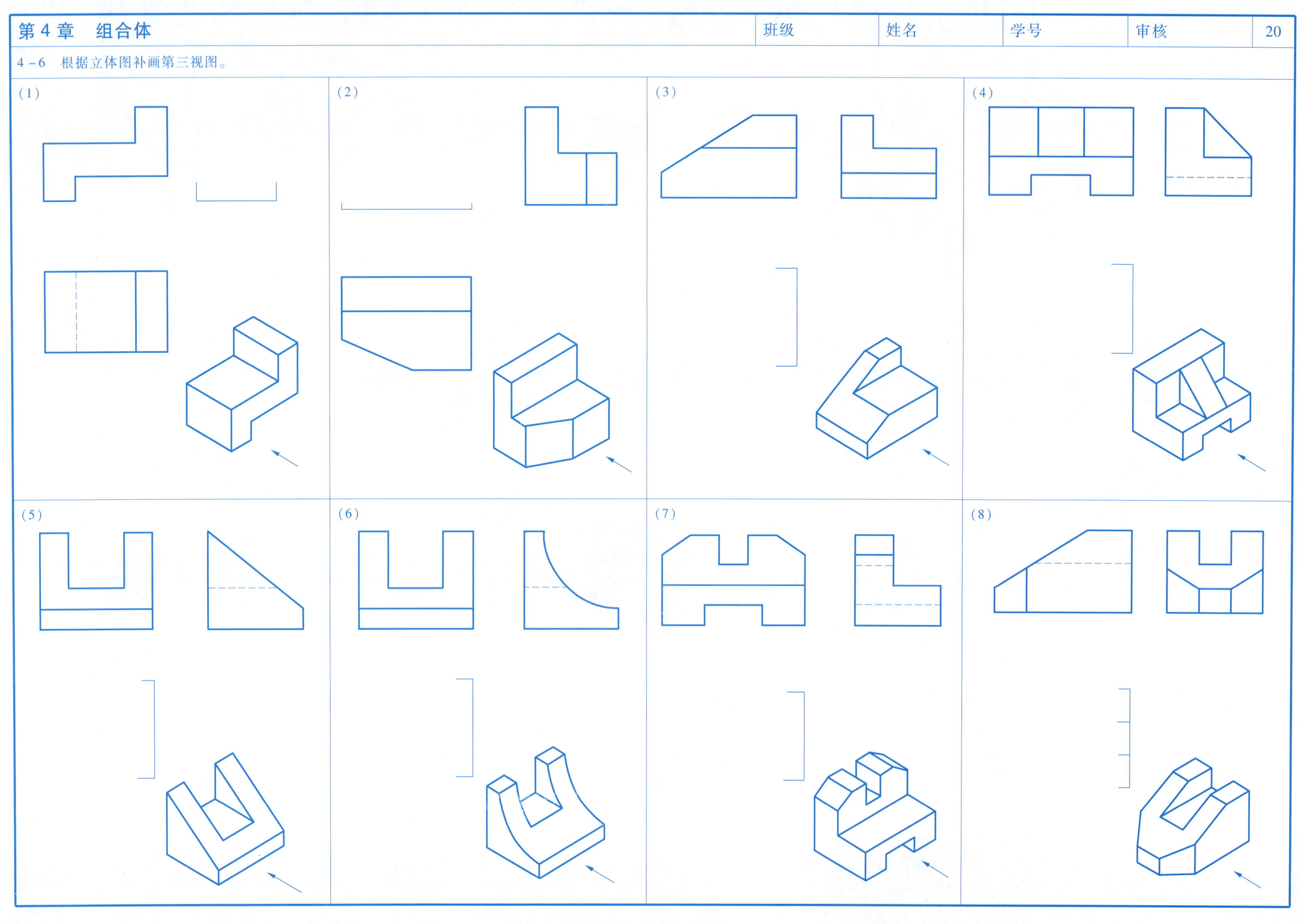

4-7 由已知的两视图补画第三视图,并对(2)、(3)、(4)题用三维软件建模。

(1)

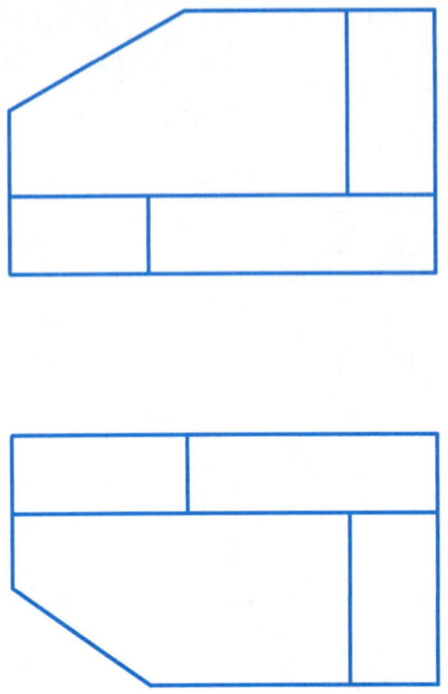

(2)

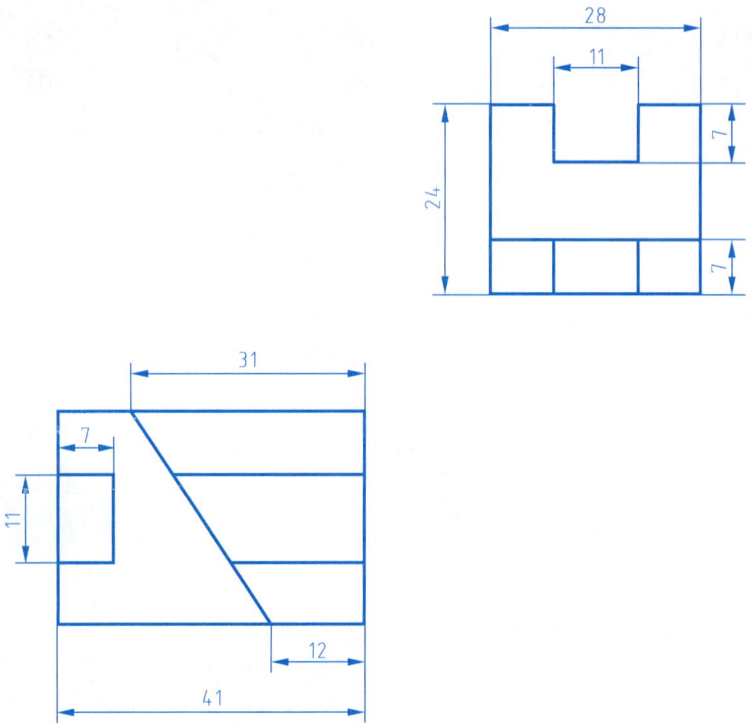

28
11
7
24
7
31
7
11
12
41

(3)

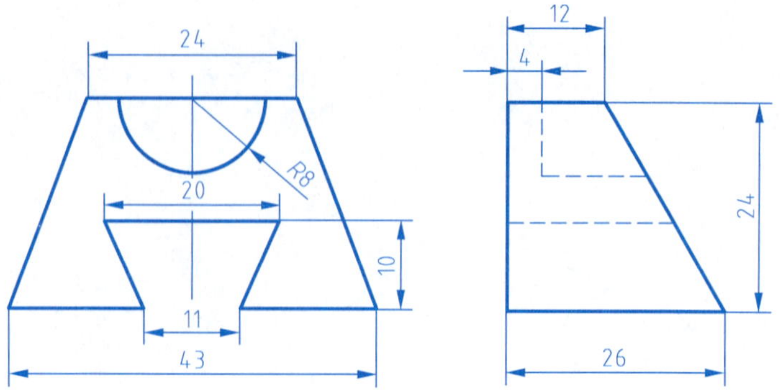

24
R8
20
10
11
43
12
4
24
26

(4)

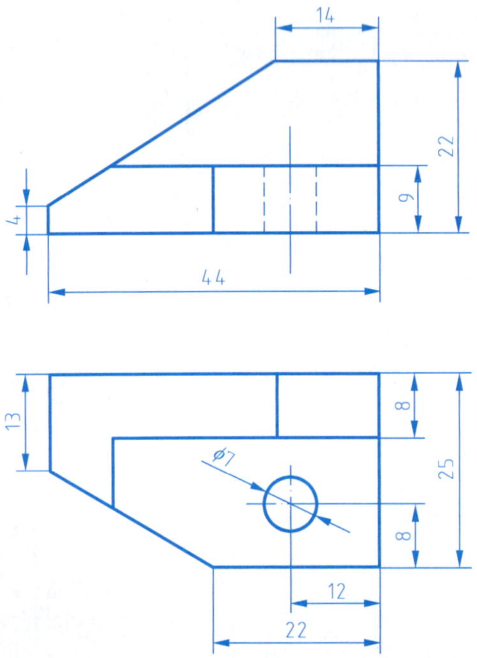

14
22
9
4
44
13
8
φ7
25
8
12
22

(5)

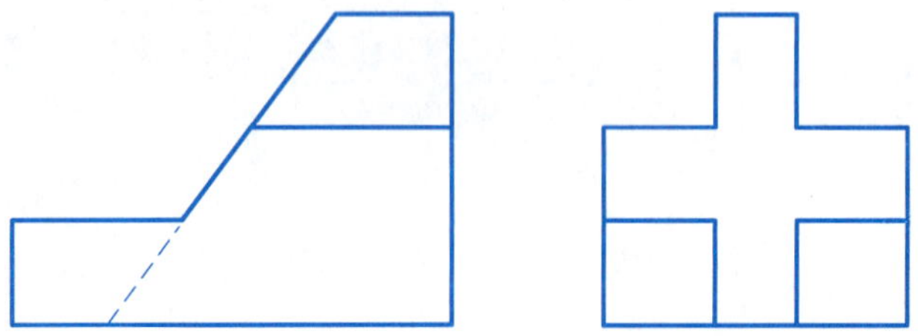

(6)

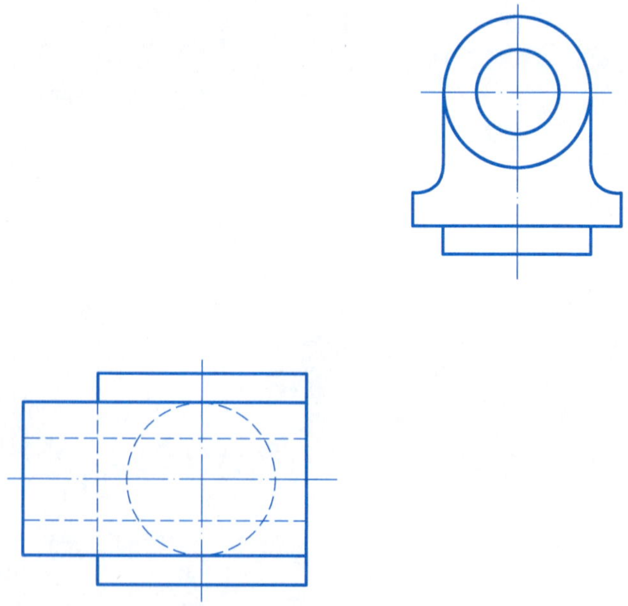

4－8　标注组合体的尺寸(尺寸数值由图中量取,并取整数),并用绘图软件画出组合体视图并标注尺寸。

(1)

(2)

4－9　补画组合体视图中所缺少的尺寸(尺寸数值在图中量取,并取整数),并用绘图软件画出组合体视图并标注尺寸。

(1)

(2)

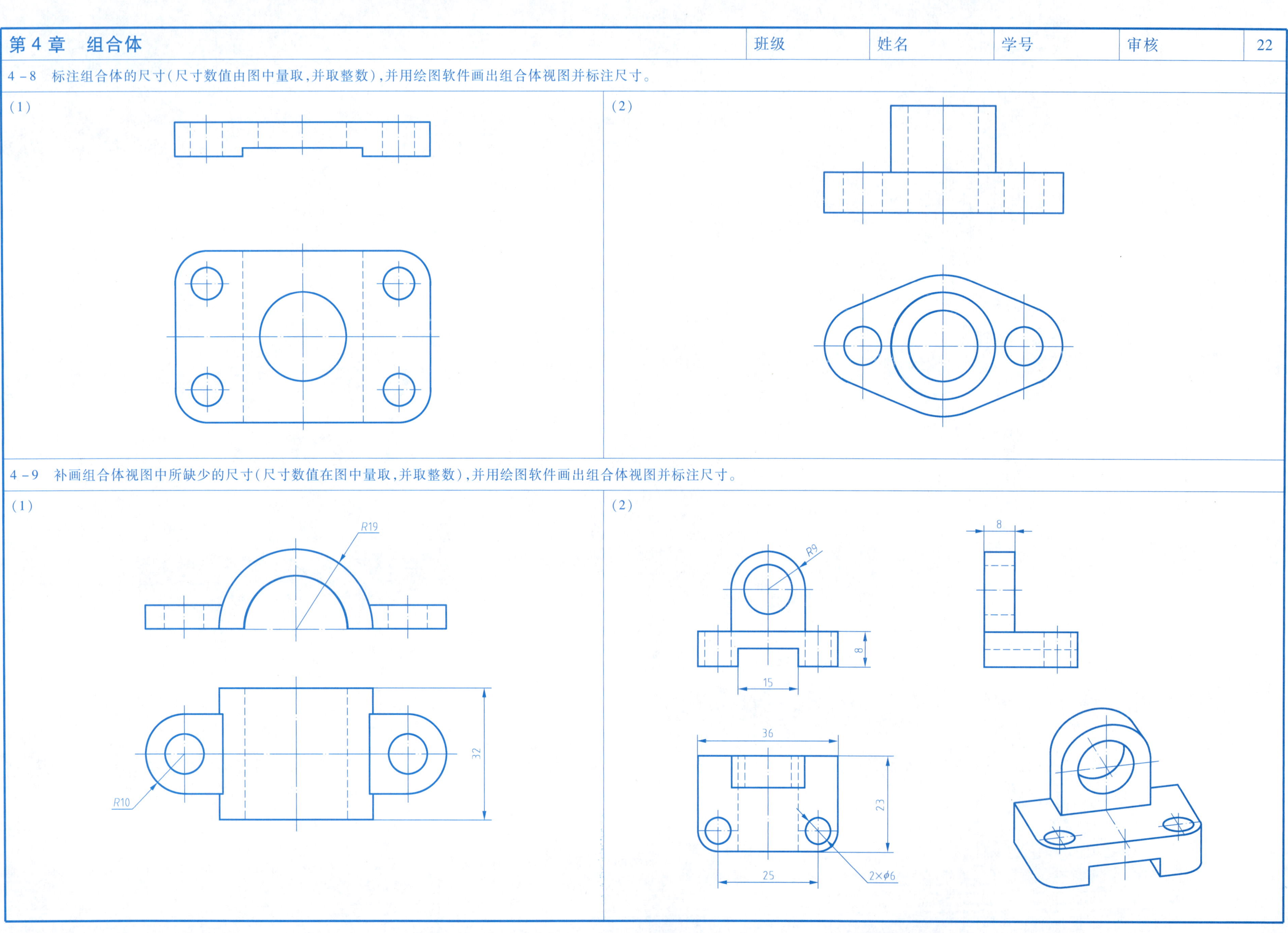

4－10 根据轴测图在 A3 图纸上用 1：1 的比例画出组合体三视图，并标注尺寸；三维建模并生成三视图。

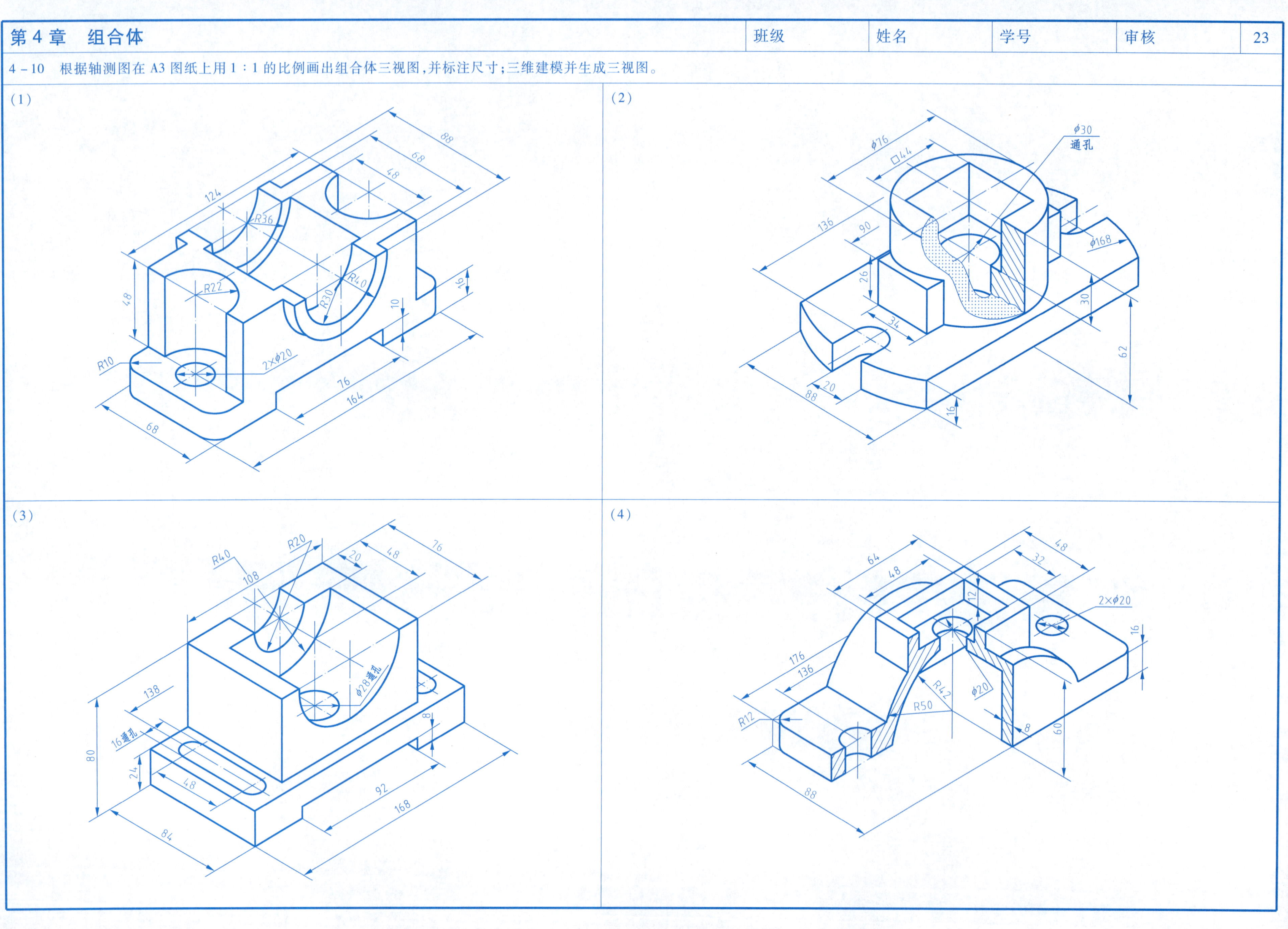

5-1　分析已知视图、补画第三视图，并徒手画出正等轴测图（1～3）和斜二轴测图（4）～（6）。

（1）

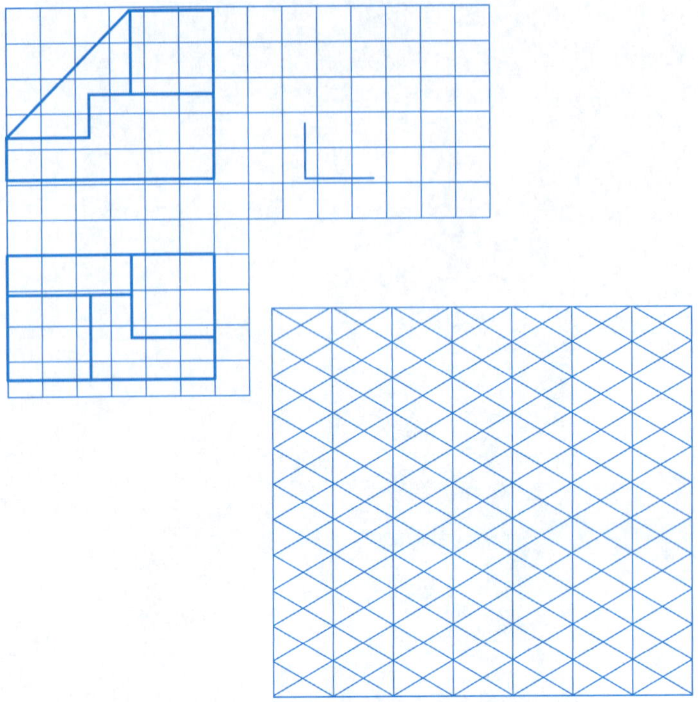

（2）

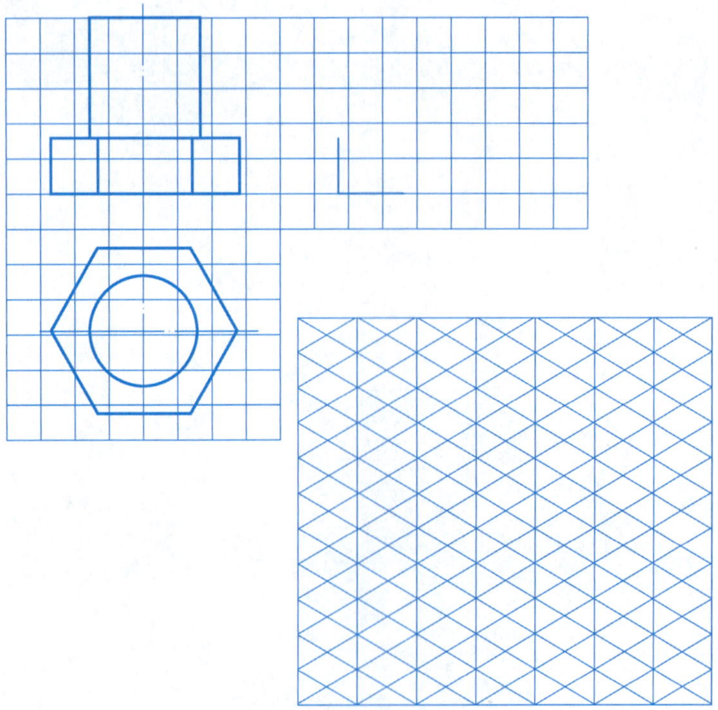

（3）

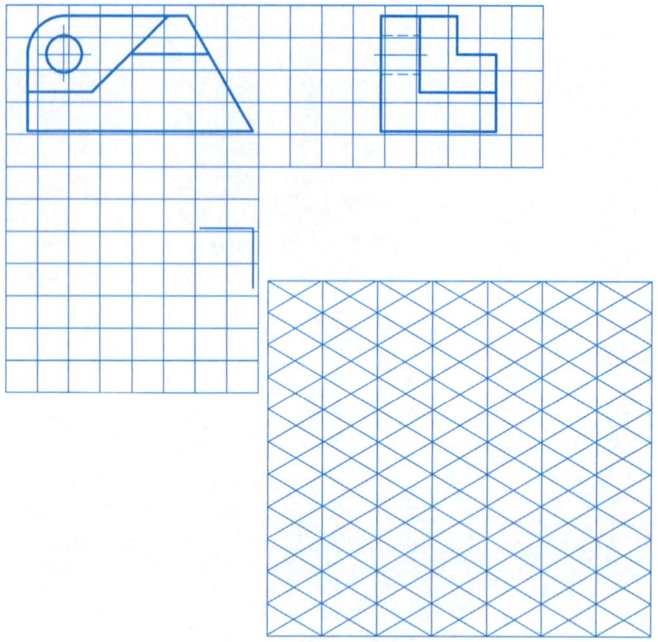

（4）

（5）

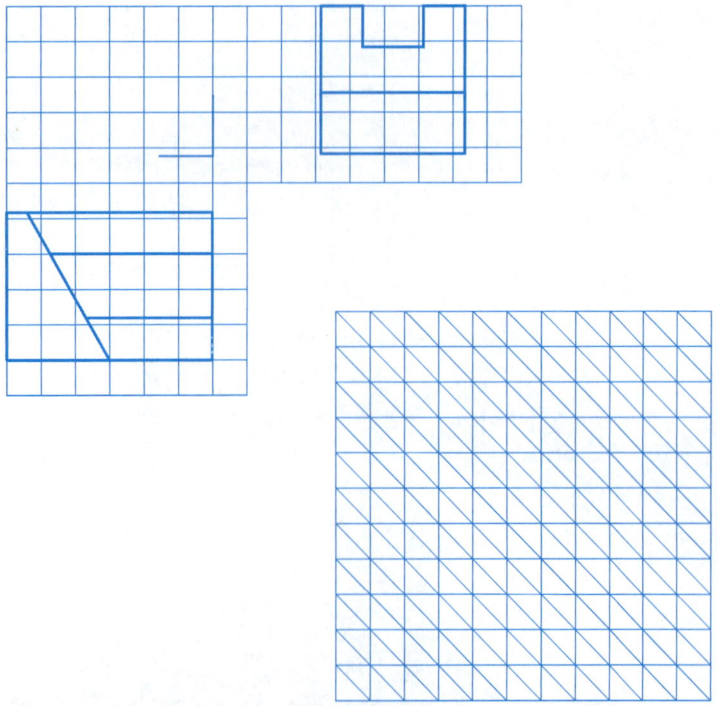

（6）

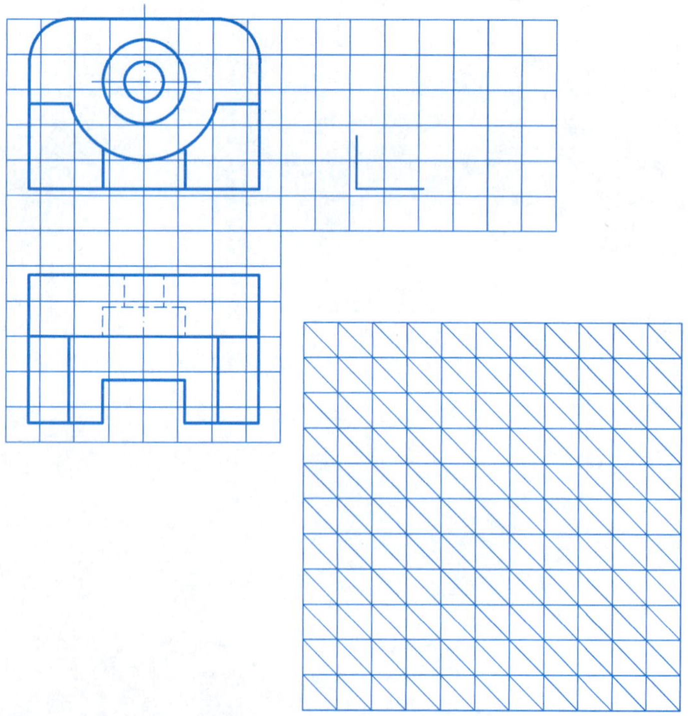

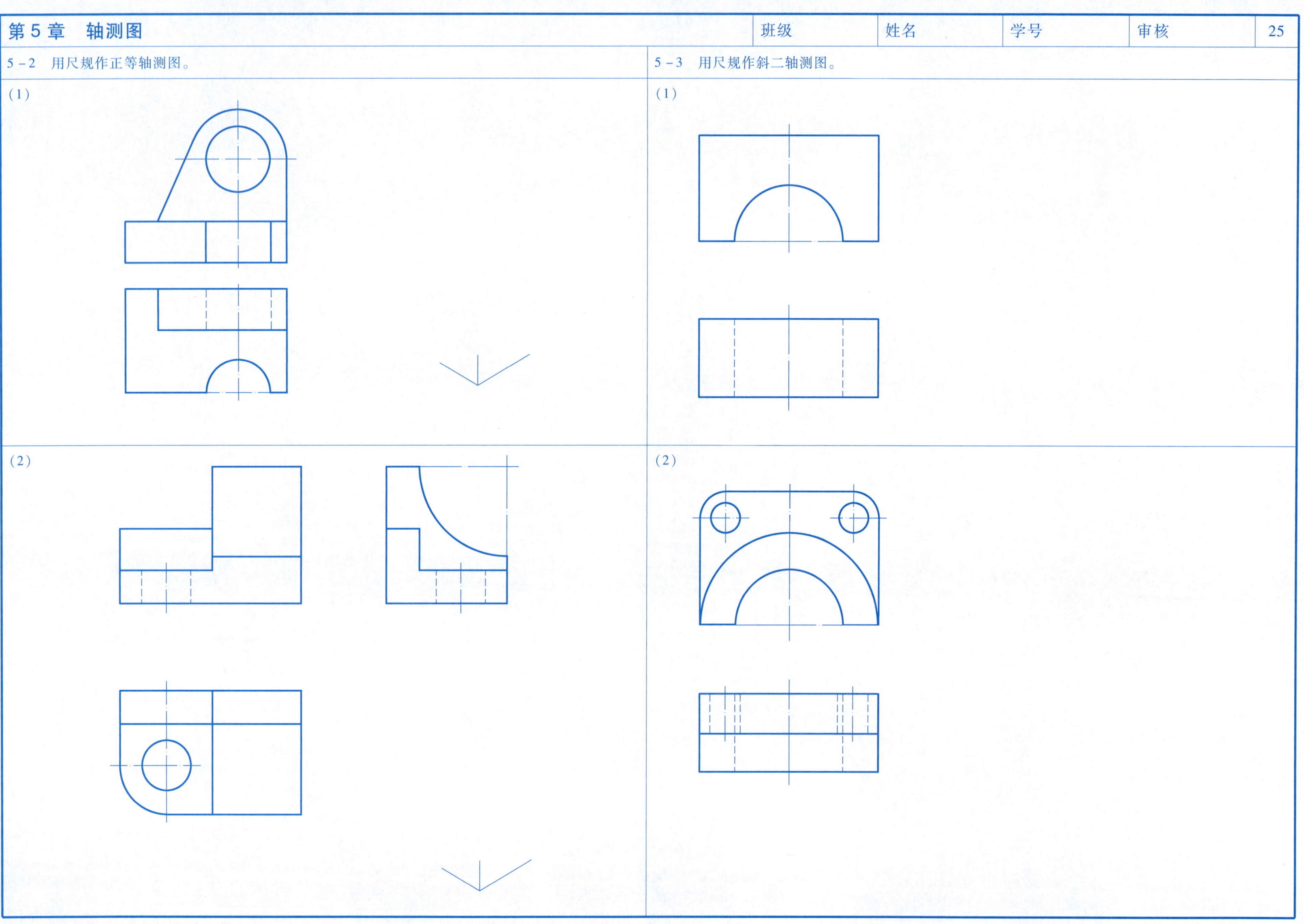

5－2　用尺规作正等轴测图。

(1)

(2)

5－3　用尺规作斜二轴测图。

(1)

(2)

6－1　作剖视图。

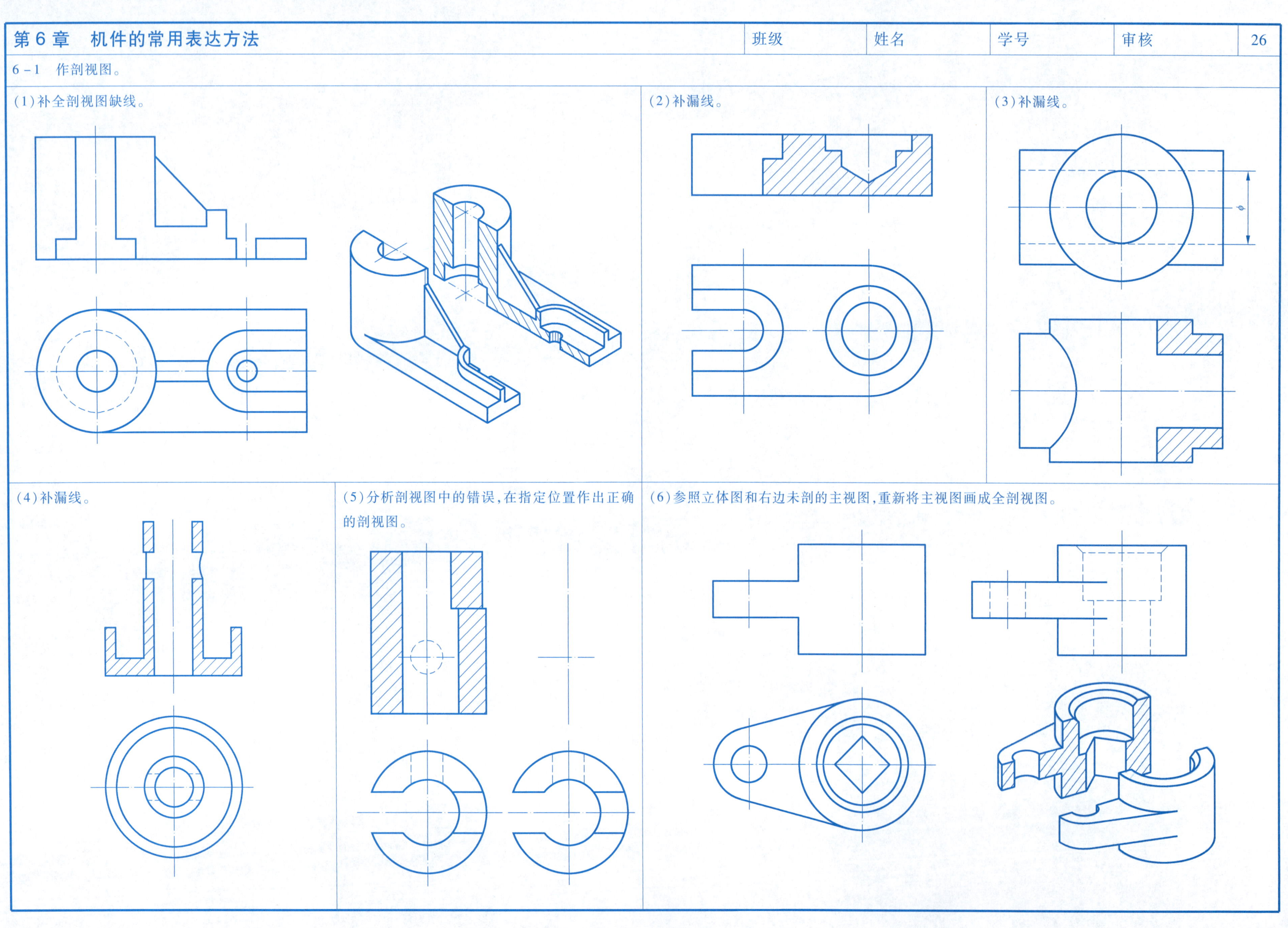
(1)补全剖视图缺线。
(2)补漏线。
(3)补漏线。
φ
(4)补漏线。
(5)分析剖视图中的错误,在指定位置作出正确的剖视图。
(6)参照立体图和右边未剖的主视图,重新将主视图画成全剖视图。

6－2　作全剖视图，第(2)题用三维软件建模并生成全剖视图。

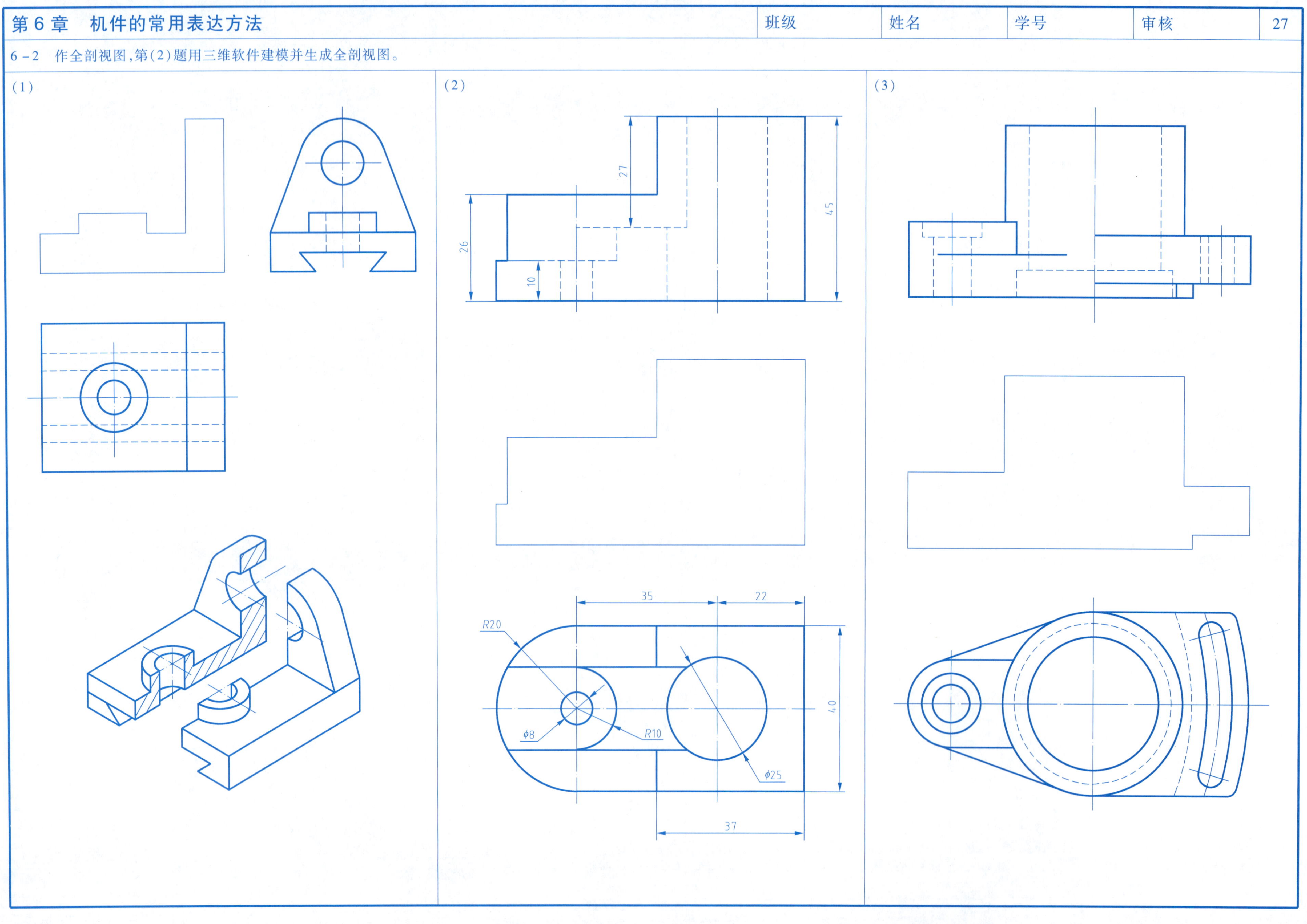

6－3　作半剖视图，第(2)题用三维建模并生成半剖视图。

(1)

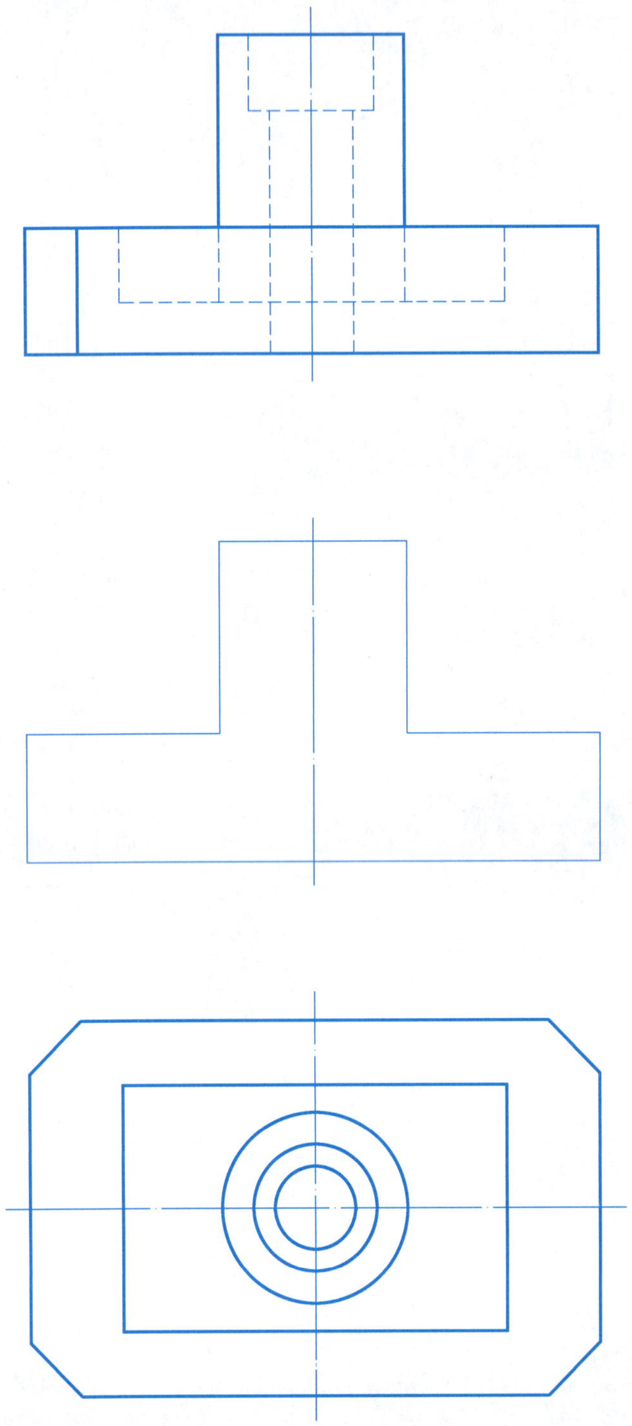

(2)

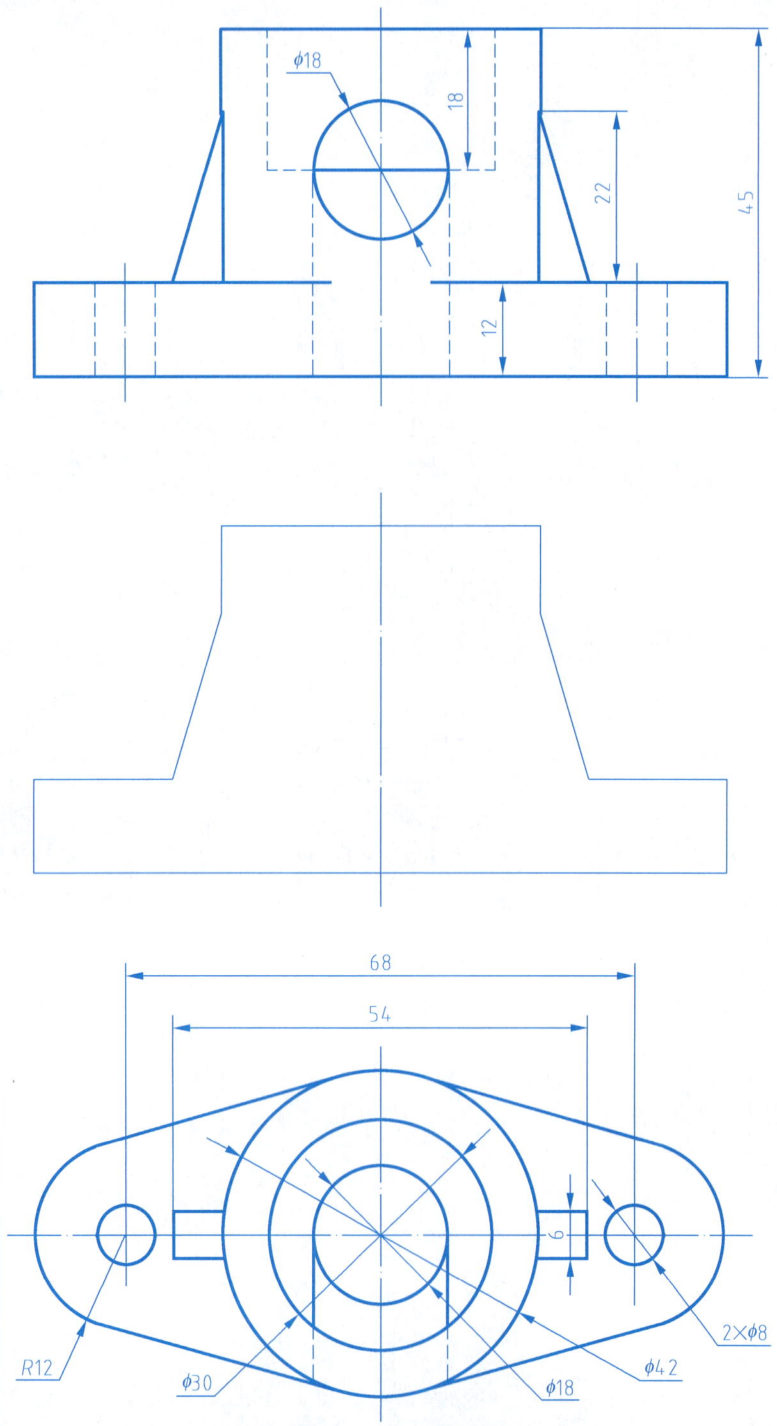

ϕ18
18
22
45
12
68
54
6
R12
ϕ30
ϕ18
ϕ42
2×ϕ8

(3)

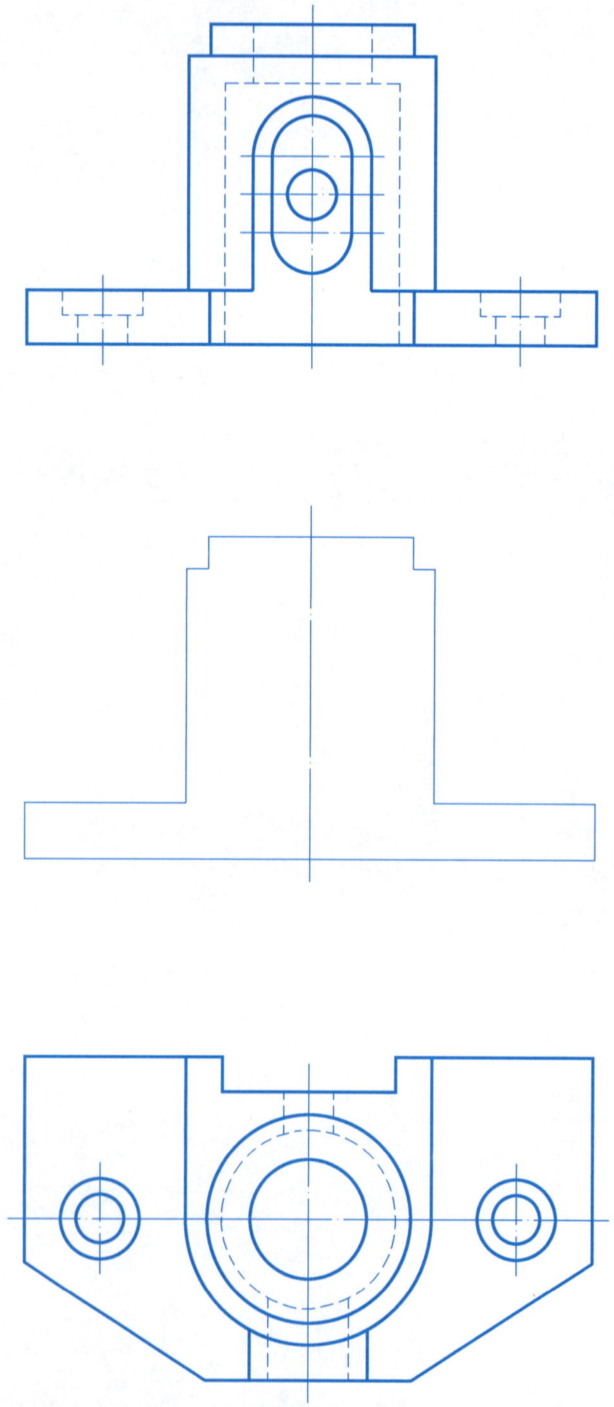

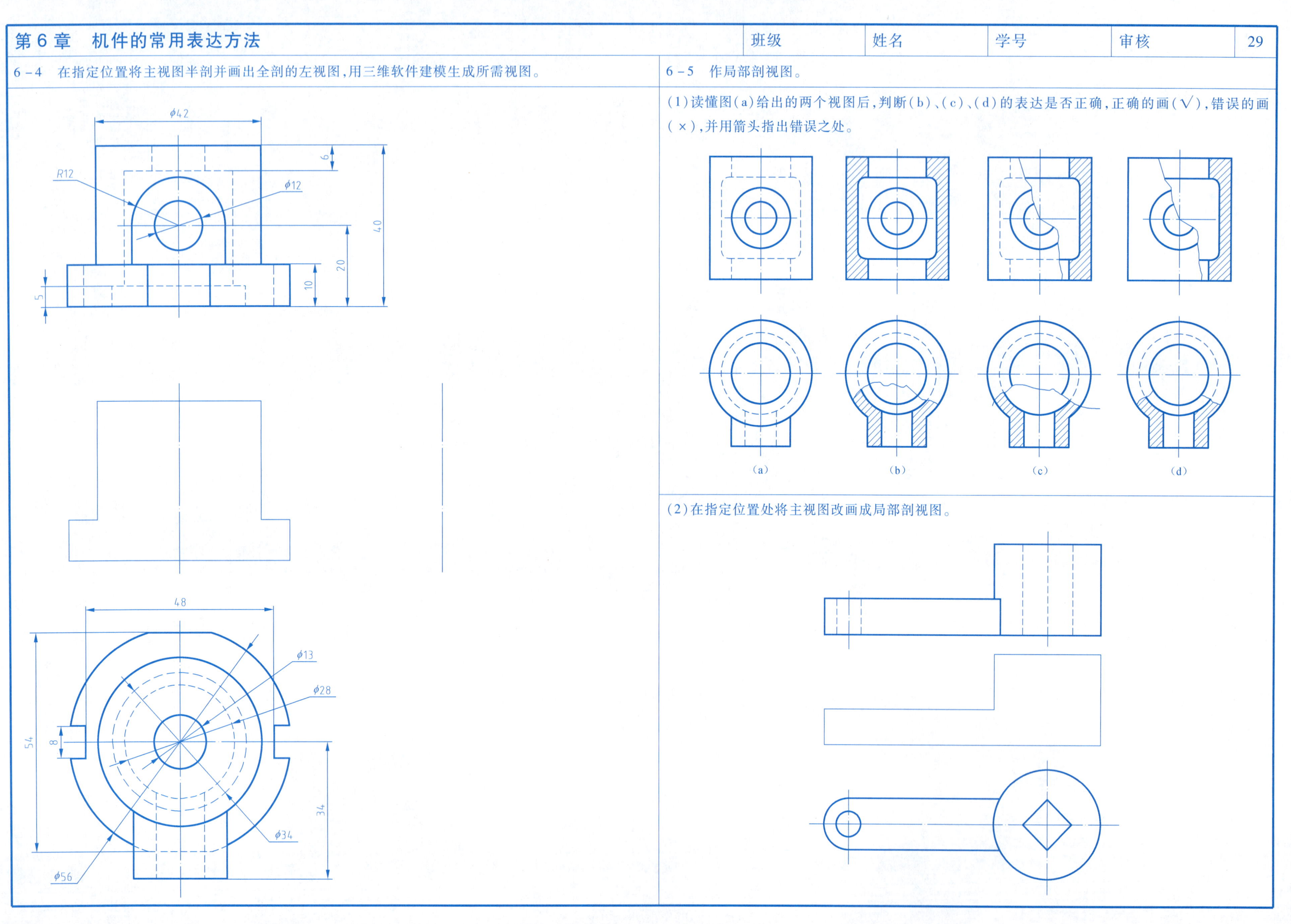
第6章　机件的常用表达方法
班级
姓名
学号
审核
29
6－4　在指定位置将主视图半剖并画出全剖的左视图，用三维软件建模生成所需视图。
φ42
R12
φ12
6
40
20
10
5
48
φ13
φ28
54
8
34
φ34
φ56
6－5　作局部剖视图。
(1)读懂图(a)给出的两个视图后，判断(b)、(c)、(d)的表达是否正确，正确的画(√)，错误的画(×)，并用箭头指出错误之处。
(a)
(b)
(c)
(d)
(2)在指定位置处将主视图改画成局部剖视图。

6－6　用几个平行的剖切面剖切机件，在中间指定位置处画出全剖视图，并标注，第(2)题用三维建模生成剖视图。

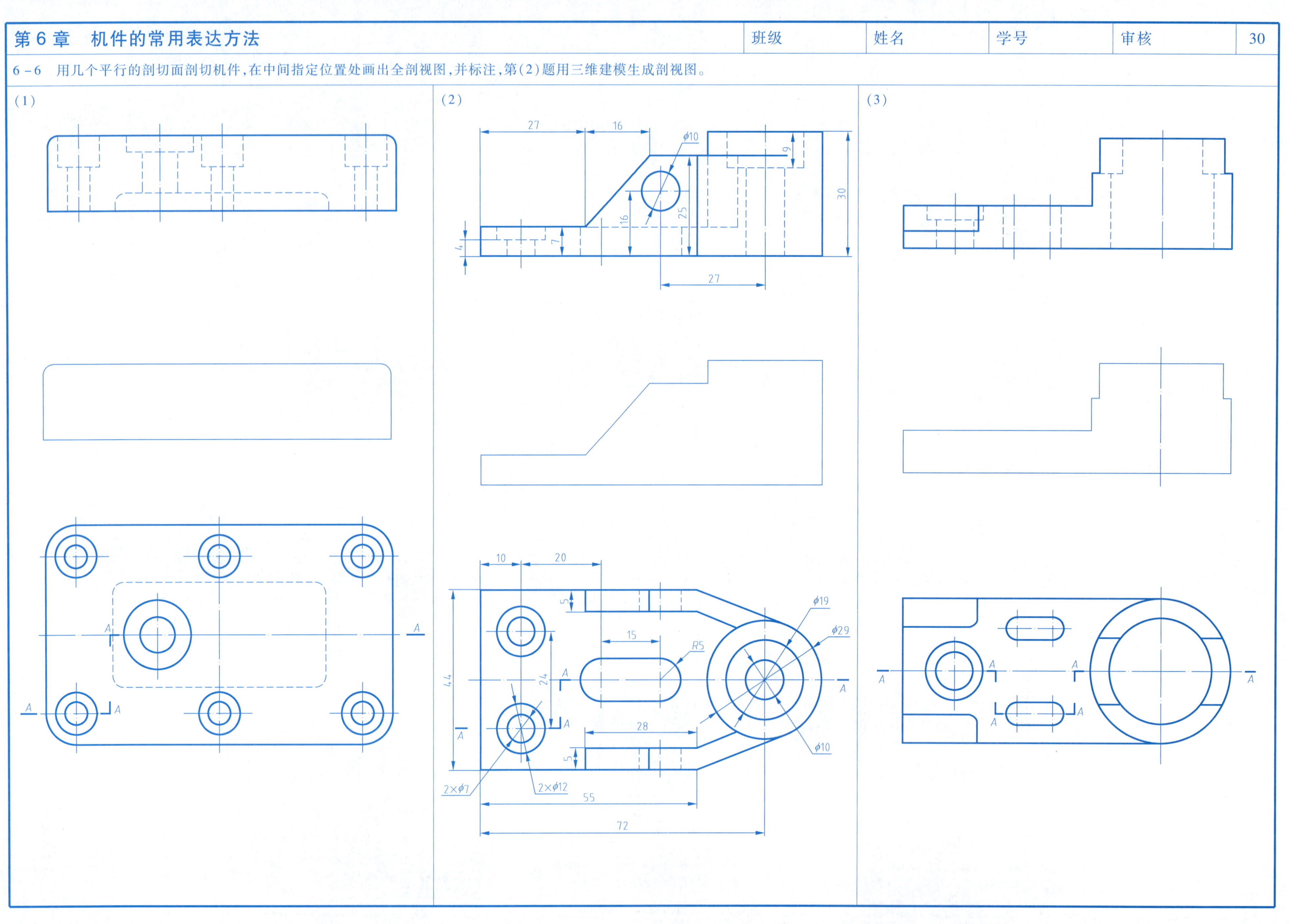

6 - 7　画出指定位置的断面图(左边键槽深 4 mm,右边键槽深 3 mm),并对断面图进行标注。

6 - 8　画出肋板的重合断面图。

6 - 9　综合表达练习:(a)看懂视图,用适当表达方法将机件表达清楚,并注尺寸(自选图幅与比例);(b)三维建模并生成适当视图。

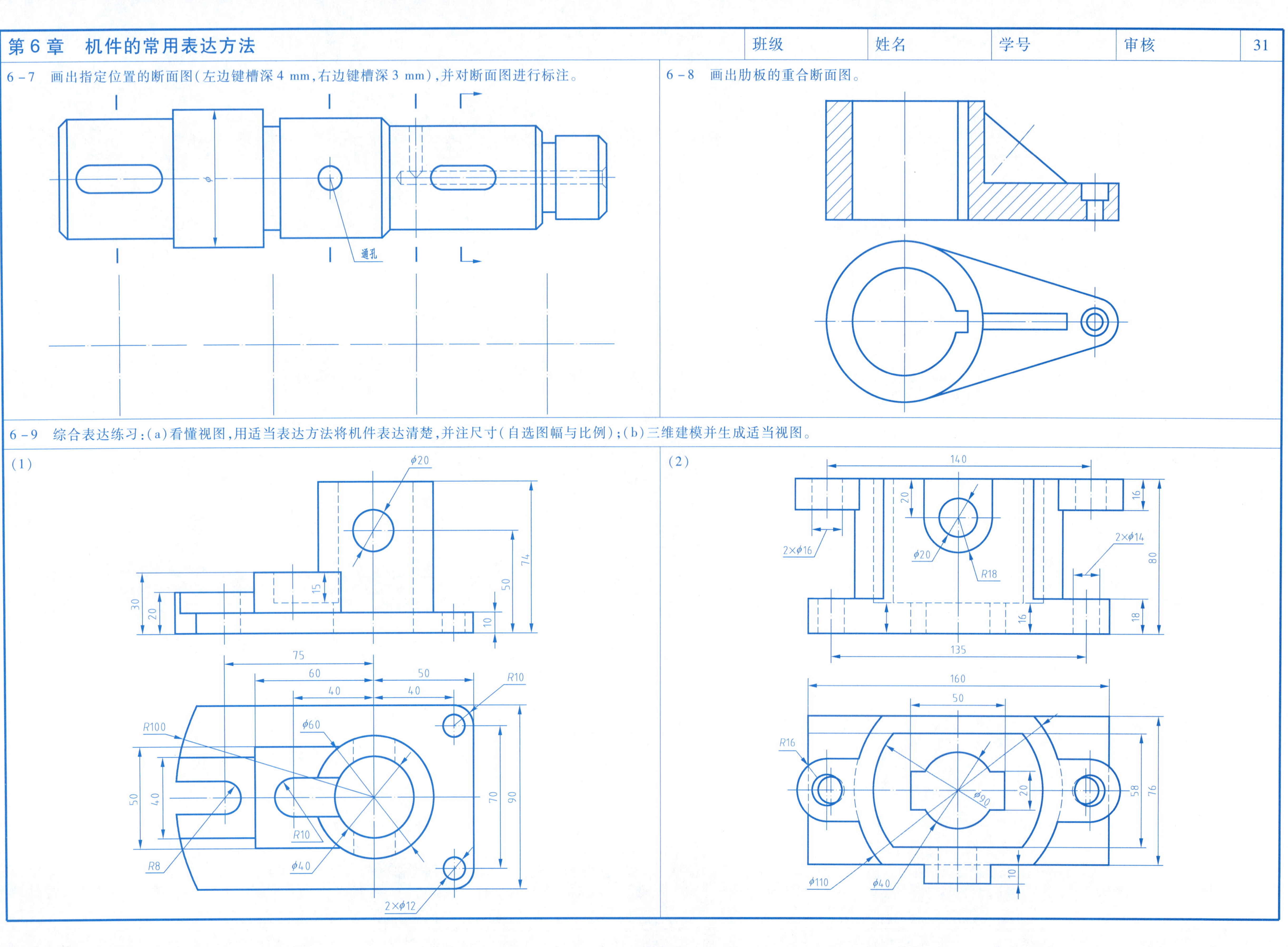

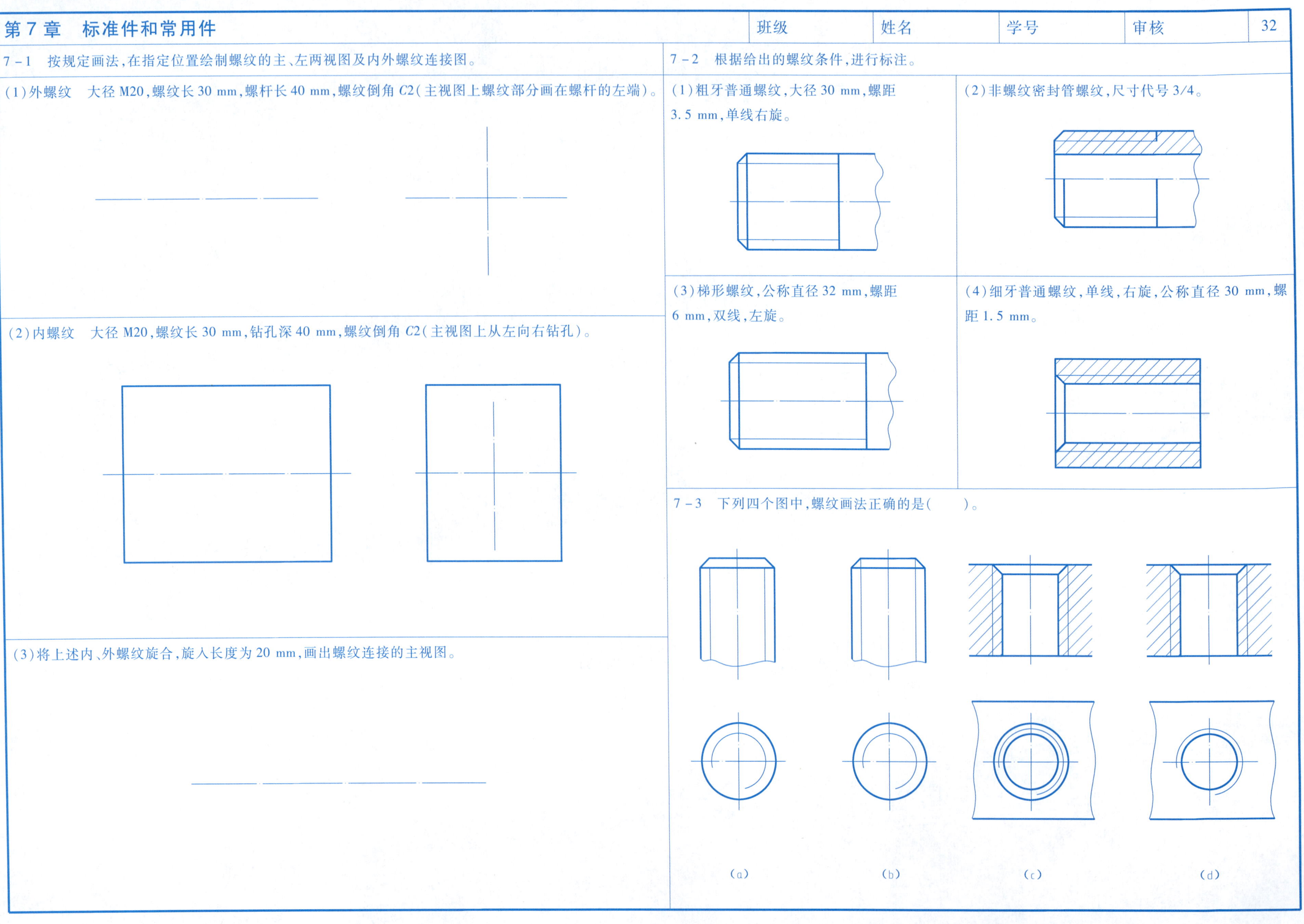

7-1　按规定画法,在指定位置绘制螺纹的主、左两视图及内外螺纹连接图。

(1)外螺纹　大径M20,螺纹长30 mm,螺杆长40 mm,螺纹倒角$C2$(主视图上螺纹部分画在螺杆的左端)。

(2)内螺纹　大径M20,螺纹长30 mm,钻孔深40 mm,螺纹倒角$C2$(主视图上从左向右钻孔)。

(3)将上述内、外螺纹旋合,旋入长度为20 mm,画出螺纹连接的主视图。

7-2　根据给出的螺纹条件,进行标注。

(1)粗牙普通螺纹,大径30 mm,螺距3.5 mm,单线右旋。

(2)非螺纹密封管螺纹,尺寸代号3/4。

(3)梯形螺纹,公称直径32 mm,螺距6 mm,双线,左旋。

(4)细牙普通螺纹,单线,右旋,公称直径30 mm,螺距1.5 mm。

7-3　下列四个图中,螺纹画法正确的是(　　)。

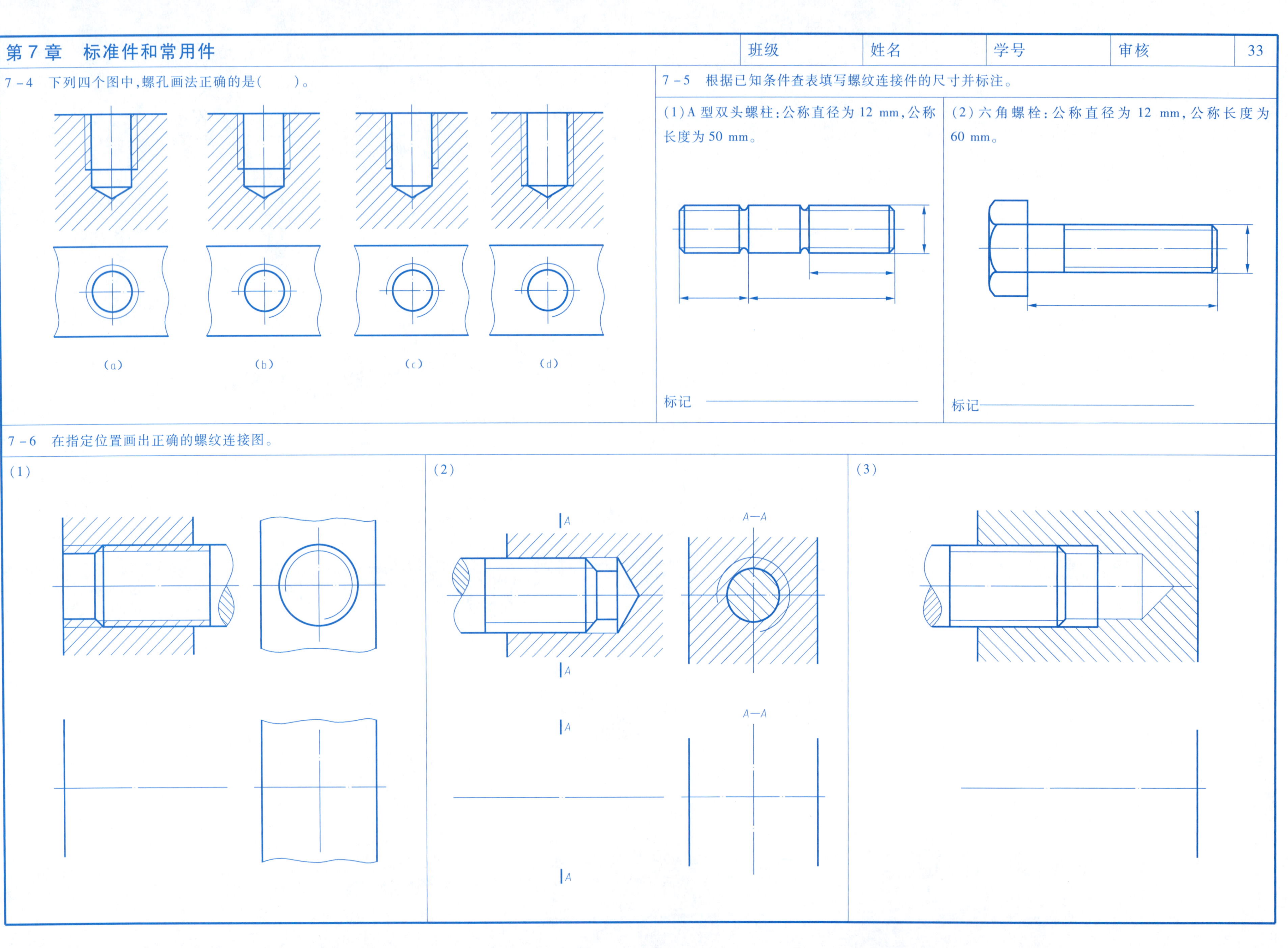
第7章 标准件和常用件
班级
姓名
学号
审核
33
7-4 下列四个图中，螺孔画法正确的是(　　)。
(a)
(b)
(c)
(d)
7-5 根据已知条件查表填写螺纹连接件的尺寸并标注。
(1)A型双头螺柱：公称直径为12 mm，公称长度为50 mm。
标记
(2)六角螺栓：公称直径为12 mm，公称长度为60 mm。
标记
7-6 在指定位置画出正确的螺纹连接图。
(1)
(2)
A
A
A—A
A
A
A—A
(3)

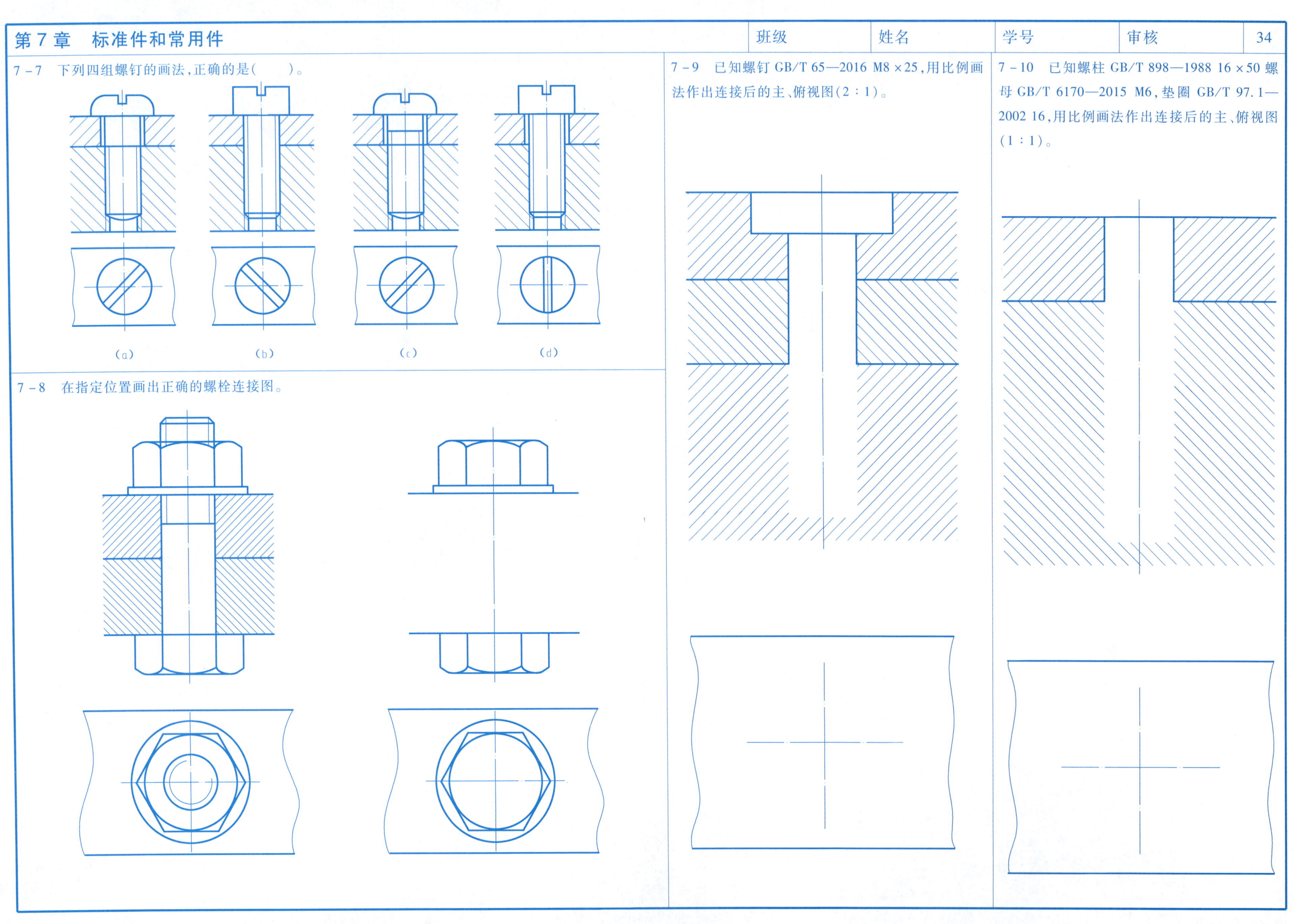

7－7　下列四组螺钉的画法，正确的是(　　)。

7－8　在指定位置画出正确的螺栓连接图。

7－9　已知螺钉 GB/T 65—2016 M8×25，用比例画法作出连接后的主、俯视图(2∶1)。

7－10　已知螺柱 GB/T 898—1988 16×50 螺母 GB/T 6170—2015 M6，垫圈 GB/T 97.1—2002 16，用比例画法作出连接后的主、俯视图(1∶1)。

7－11　将下列图在 A3 图纸上（1∶1）画出。

（1）已知螺栓 GB/T 5782—2016　M20×100，螺母 GB/T 6170—2015　M20，垫圈 GB/T 97.1—2002　20；被连接件的厚度 δ_1 = 30 mm，δ_2 = 40 mm，用比例画法作出连接后的主、俯视图。

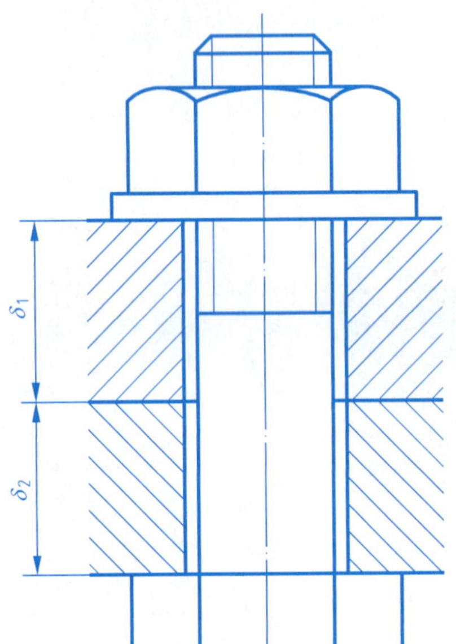

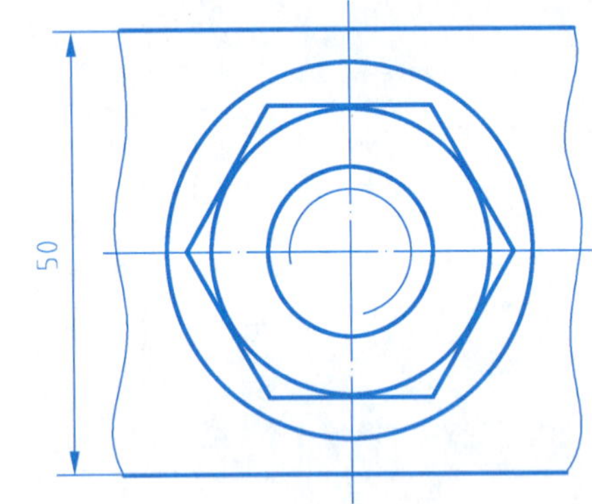

（2）已知双头螺柱 GB/T 898—1988　M20×50，螺母 GB/T 6170—2015　M20，垫圈 GB/T 93—1987　20；被连接件的厚度 δ_1 = 20 mm，δ_2 = 60 mm，用比例画法作出连接后的主、俯视图。

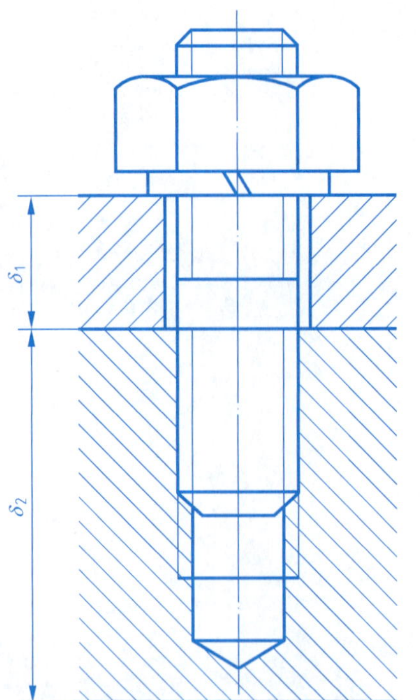

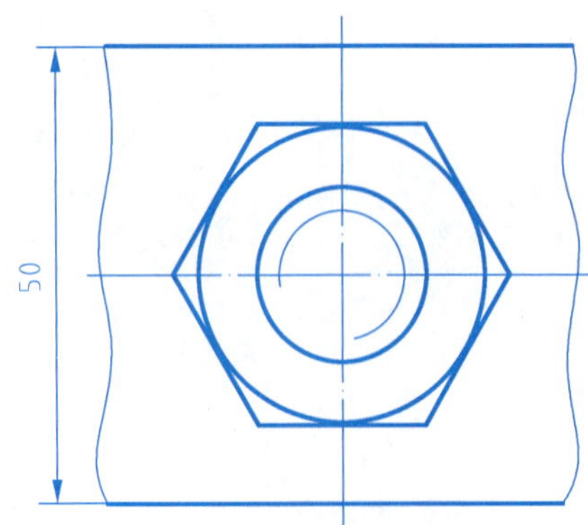

（3）已知螺钉 GB/T 67—M10×25，被联接件的厚度 δ_1 = 8 mm，δ_2 = 34 mm，用比例画法作出联接后的主、俯视图，（作图比例 2∶1）。

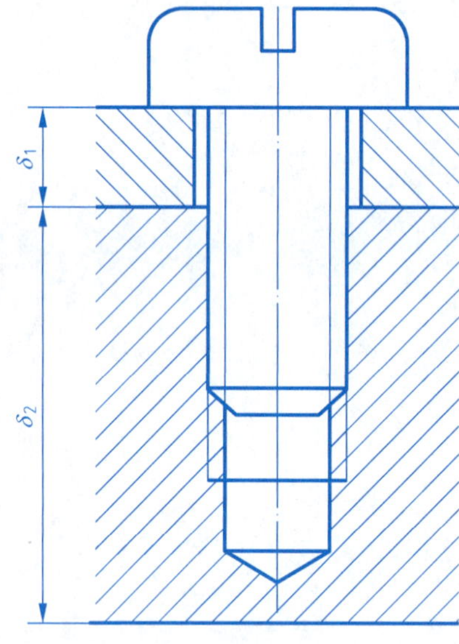

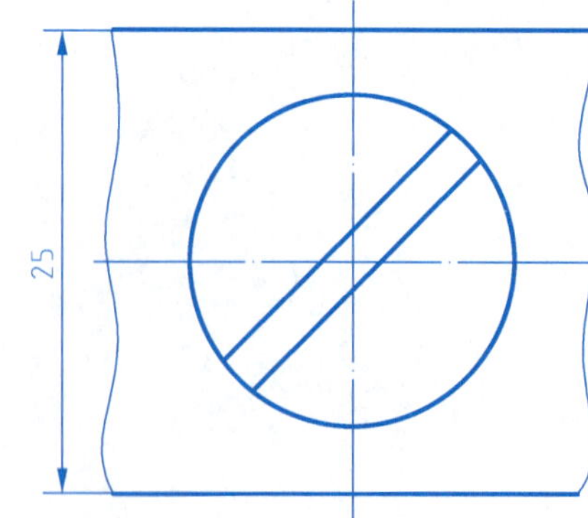

7－12 已知齿轮和轴，用 A 型普通平键连接，轴孔直径为 20 mm，键的长度为 16 mm，(1)写出键的规定标记；(2)查表确定键和键槽的尺寸，用 1∶1 画全下列各视图和断面图，并标注键槽的尺寸。

键的规定标记为＿＿＿＿＿＿＿＿＿＿＿＿

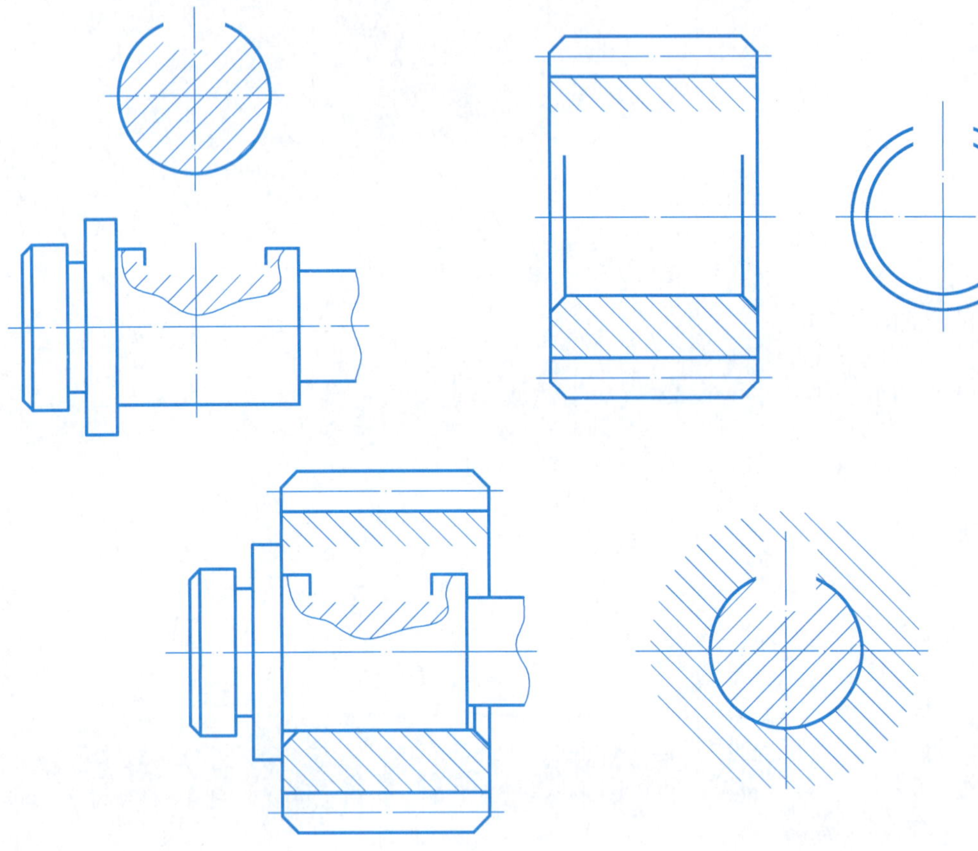

7－13 销及销连接。

(1)选出适当长度的 $\phi 4$ 圆锥销，画出销连接的装配图，并写出销的规定标记。

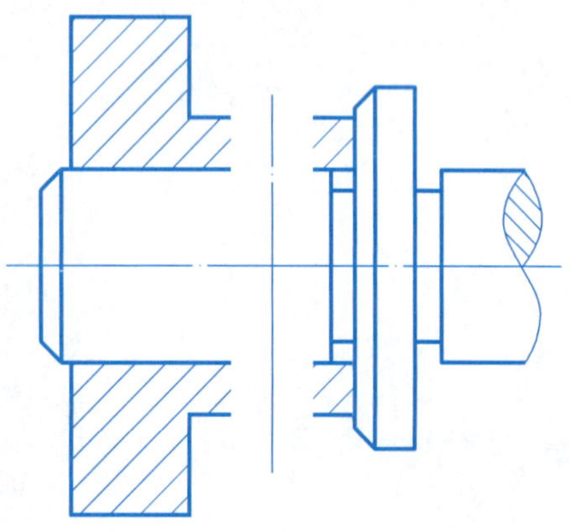

规定标记＿＿＿＿＿＿＿＿＿＿＿＿

(2)选出适当长度的 $\phi 6$ 圆柱销，画出销连接的装配图，并写出销的规定标记。

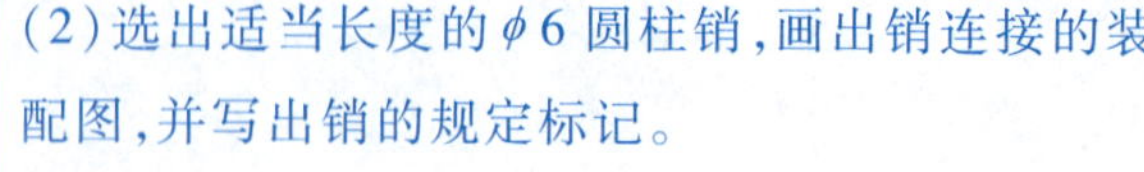

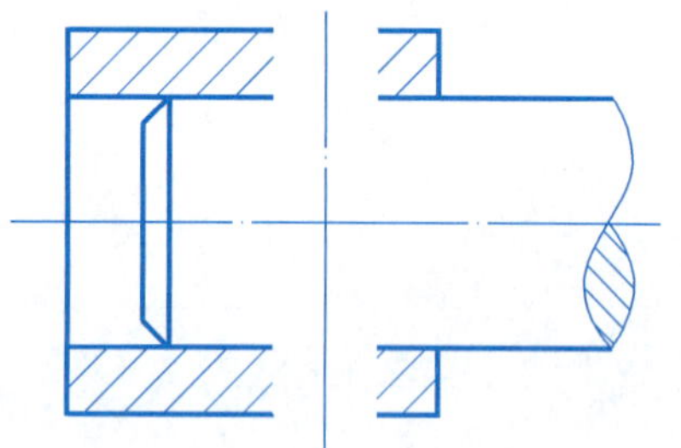

规定标记＿＿＿＿＿＿＿＿＿＿＿＿

7－14 用规定画法画出指定轴承的下半部分视图。

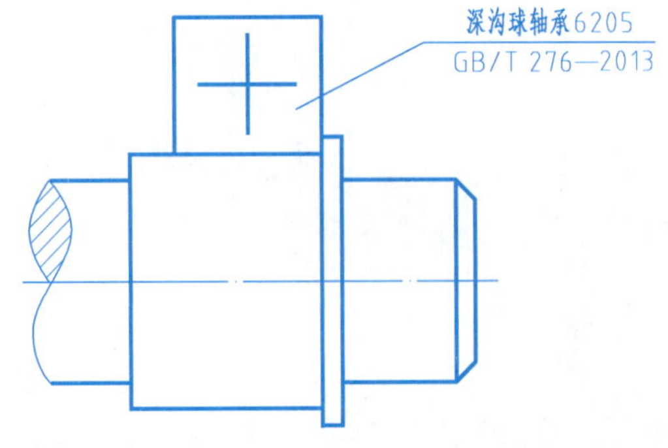

7－15 已知一圆柱螺旋压缩弹簧，簧丝直径 $d=6$ mm，外径 $D_2=56$ mm，节距 $t=10$ mm，有效圈数 $n=7$，支承圈数 $n_2=2.5$，右旋，用 1∶1 画出弹簧的全剖视图。

7－16　已知直齿圆柱齿轮模数 $m=3$，齿数 $z=28$，试完成该齿轮的两视图（1∶1）。

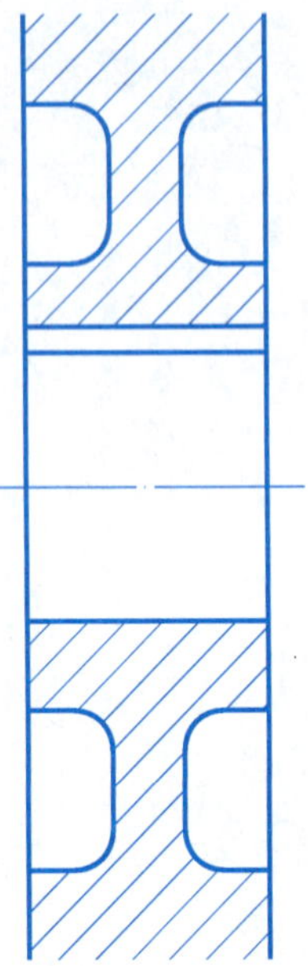

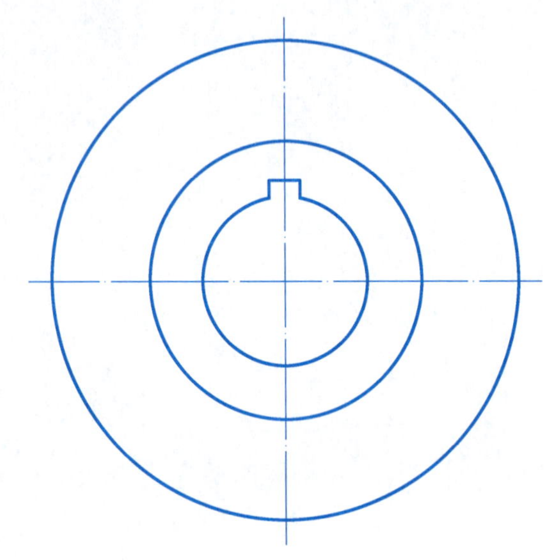

7－17　用 1∶1 完成一对啮合直齿圆柱齿轮的两视图（$z_1=20$，$z_2=33$，上方为小齿轮）。

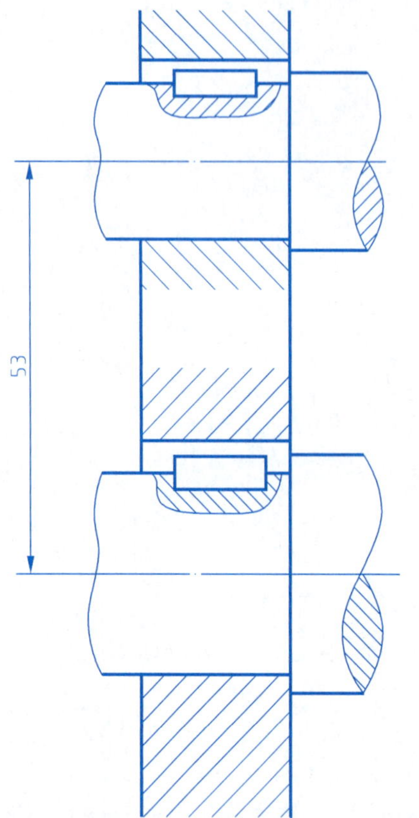

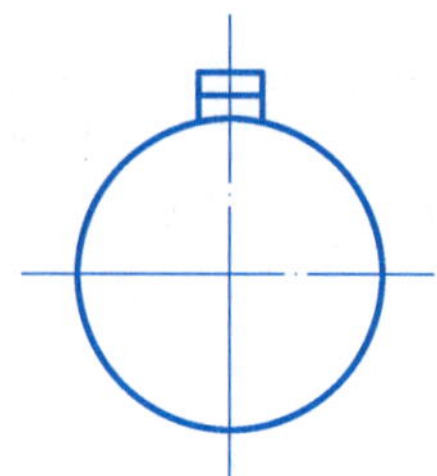

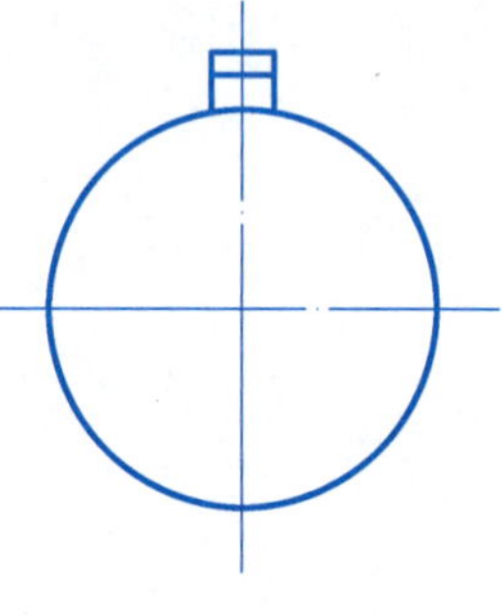

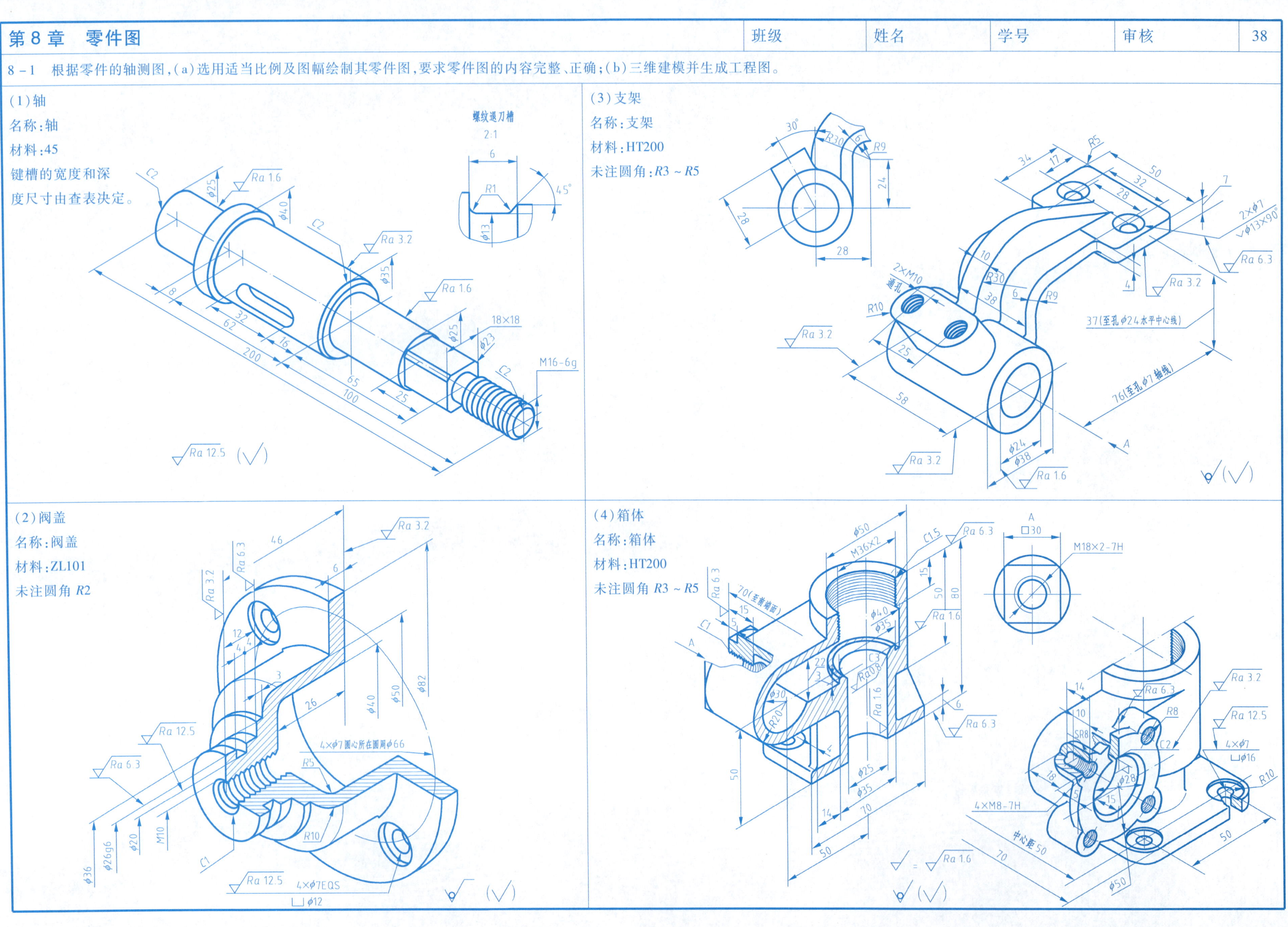
第8章 零件图
班级
姓名
学号
审核
38
8-1 根据零件的轴测图，(a)选用适当比例及图幅绘制其零件图，要求零件图的内容完整、正确；(b)三维建模并生成工程图。
(1)轴
名称：轴
材料：45
键槽的宽度和深度尺寸由查表决定。
螺纹退刀槽
2:1
M16-6g
18×18
(3)支架
名称：支架
材料：HT200
未注圆角：R3 ~ R5
2×M10
通孔
2×φ7
φ13×90°
37(至孔φ24水平中心线)
76(至孔φ7轴线)
(2)阀盖
名称：阀盖
材料：ZL101
未注圆角 R2
4×φ7圆心所在圆周φ66
4×φ7EQS
⌴φ12
(4)箱体
名称：箱体
材料：HT200
未注圆角 R3 ~ R5
70(至前端面)
M36×2
M18×2-7H
4×M8-7H
中心距50
4×φ7
⌴φ16

8－1　根据零件的轴测图，(a)选用适当比例及图幅绘制其零件图，要求零件图的内容完整、正确；(b)三维建模并生成工程图。

(5)箱体

名称：箱体

材料：HT200

未注圆角：R3～R5

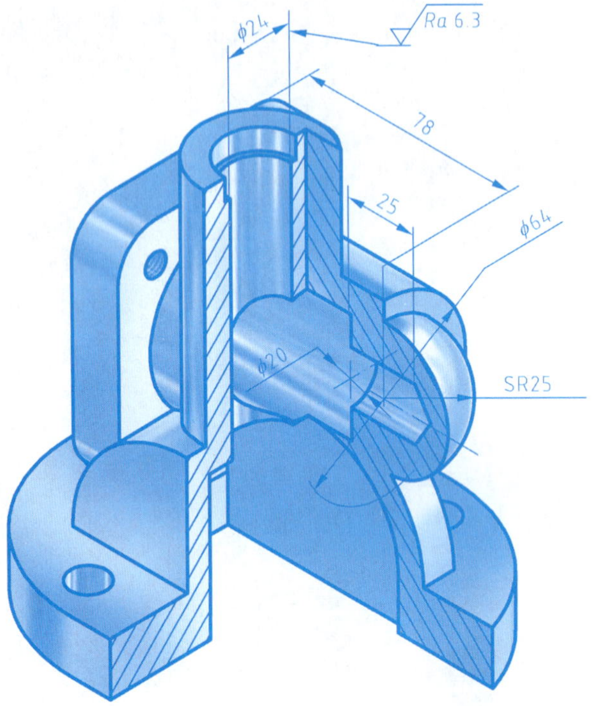

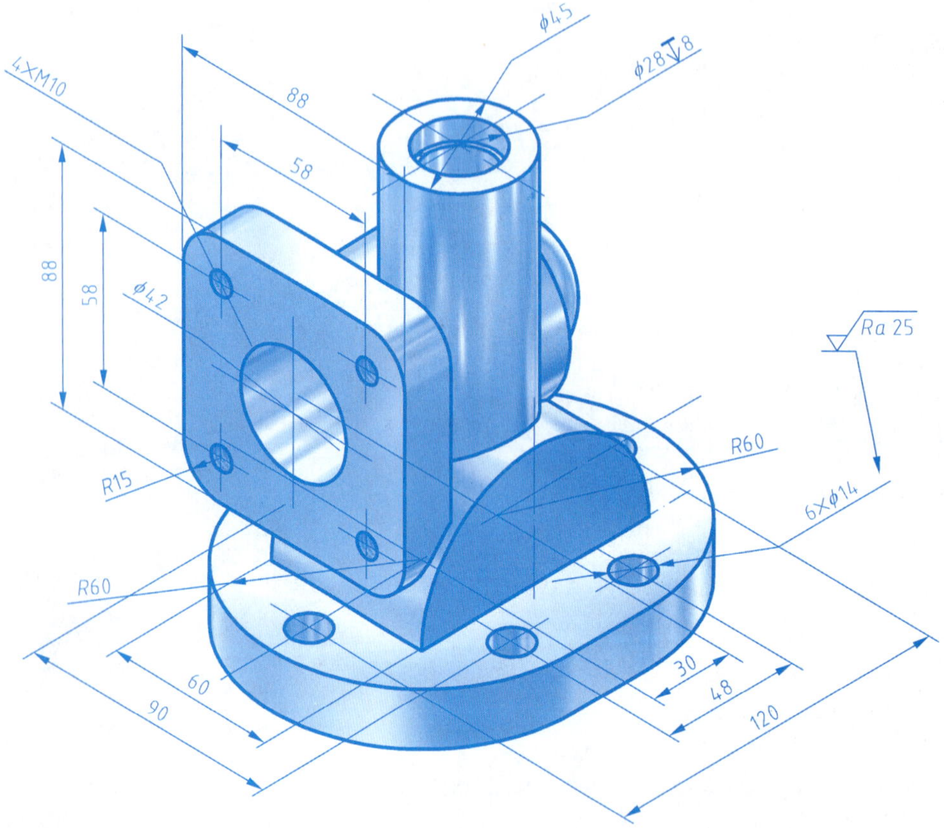

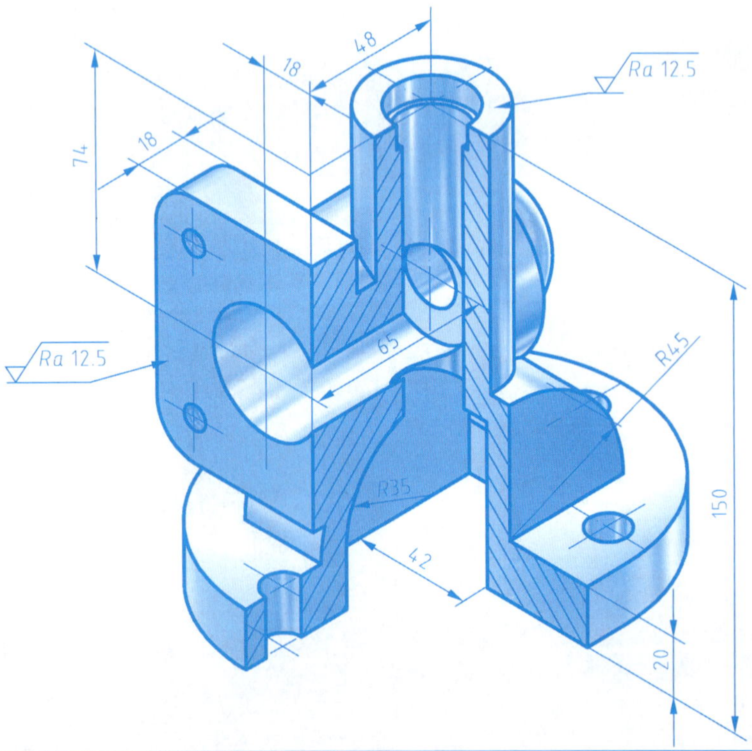

8－2 表面结构要求及公差与配合的标注。

(1)将指定表面粗糙度用代号标注在图上。

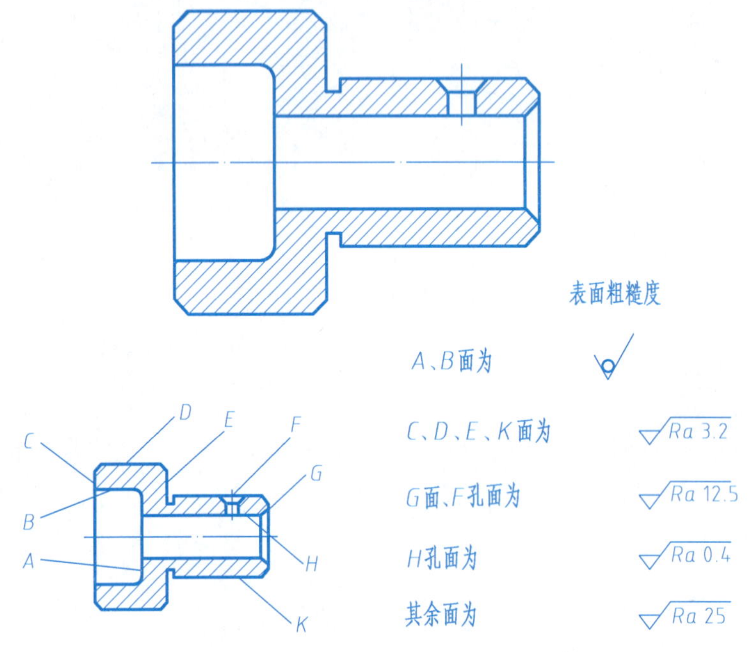

(2)已知孔的公称尺寸为 φ30，基本代号为 H，公差等级为 IT7；轴的公称尺寸为 φ20，基本偏差代号为 f，公差等级为 IT7。

①孔的上极限偏差________下极限偏差________公差________。

②轴的上极限偏差________下极限偏差________公差________。

③以极限偏差形式标注孔、轴的尺寸。

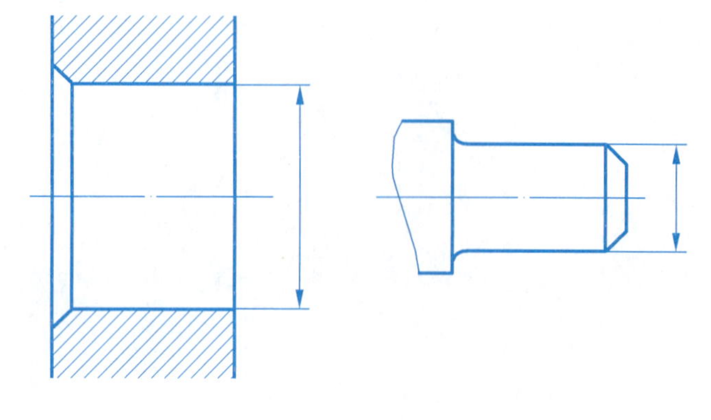

(3)根据配合代号，在零件图上分别标出轴和孔的极限偏差值，并指出是何类配合。

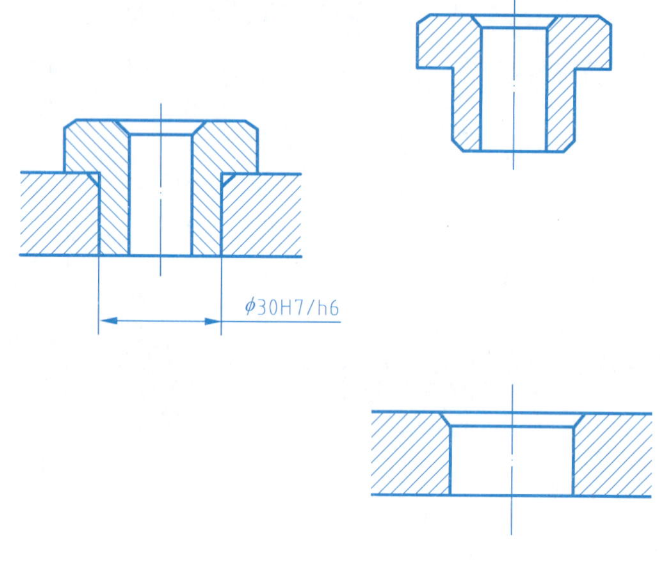

(4)根据轴和孔的极限偏差值，在装配图上注出其配合代号。

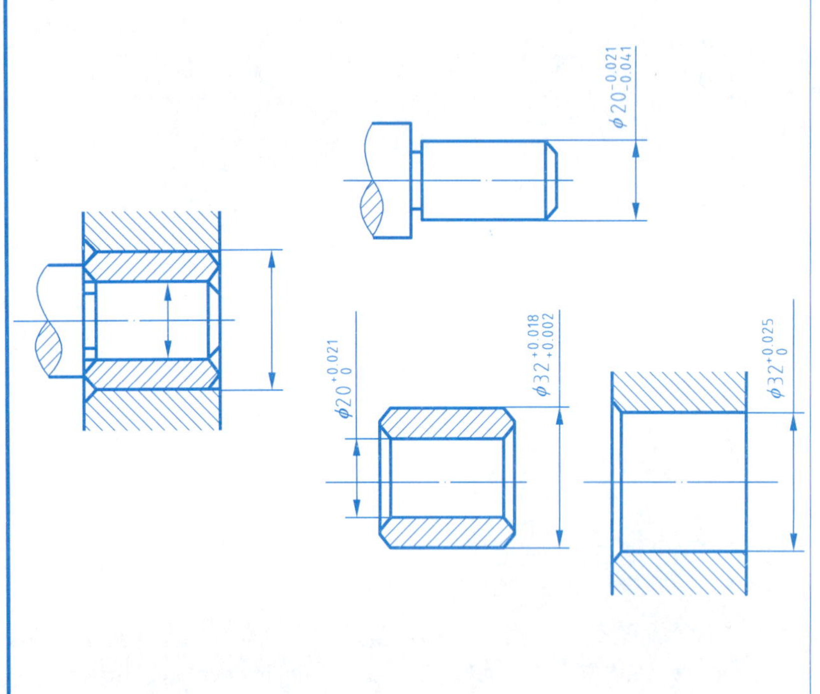

(5)说明图中标注的形位公差框格的含义。

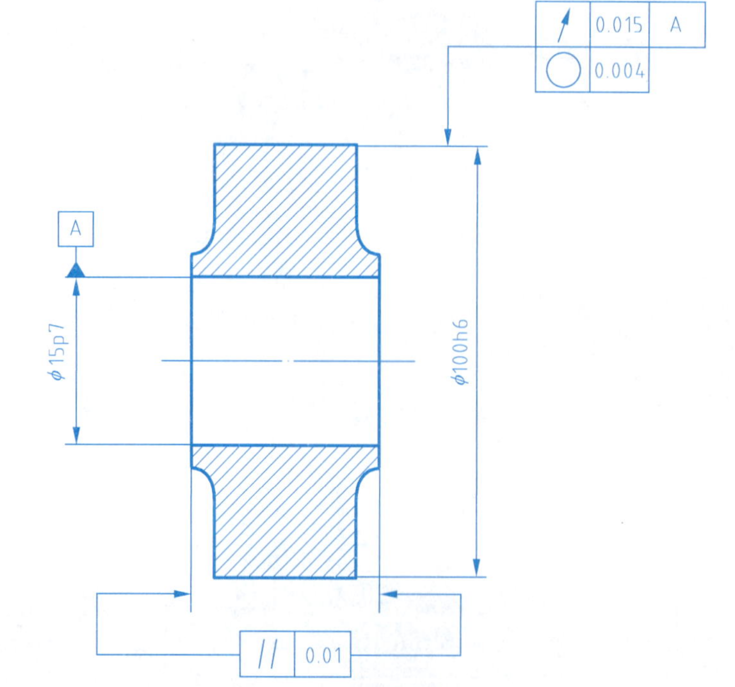

(6)将文字说明的含义用形位公差代号标注在图上。

①φ40g6 的轴线对 φ20H7 轴线的同轴度公差为 φ0.05。

②右端面对 φ20H7 的轴线的垂直度公差为 0.15。

③φ40g6 的圆柱度公差为 0.03。

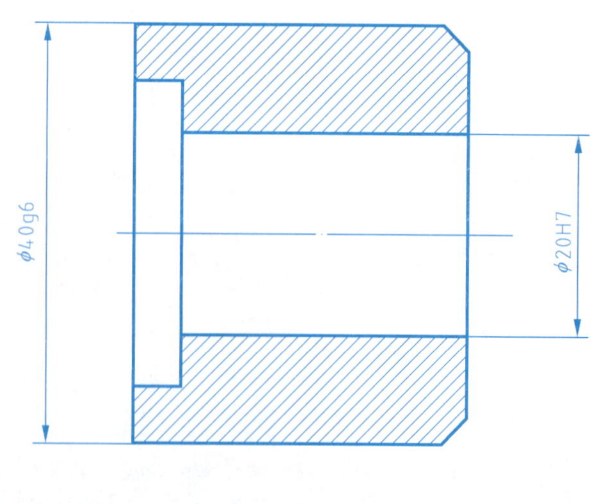

8－3　读零件图。（此部分习题可以作为计算机绘图练习题）

（1）ⓐ读齿轮轴零件图，并在指定位置补绘图中所缺的移出断面（图中键槽深请查表）；ⓑ用绘图软件画出该零件图。

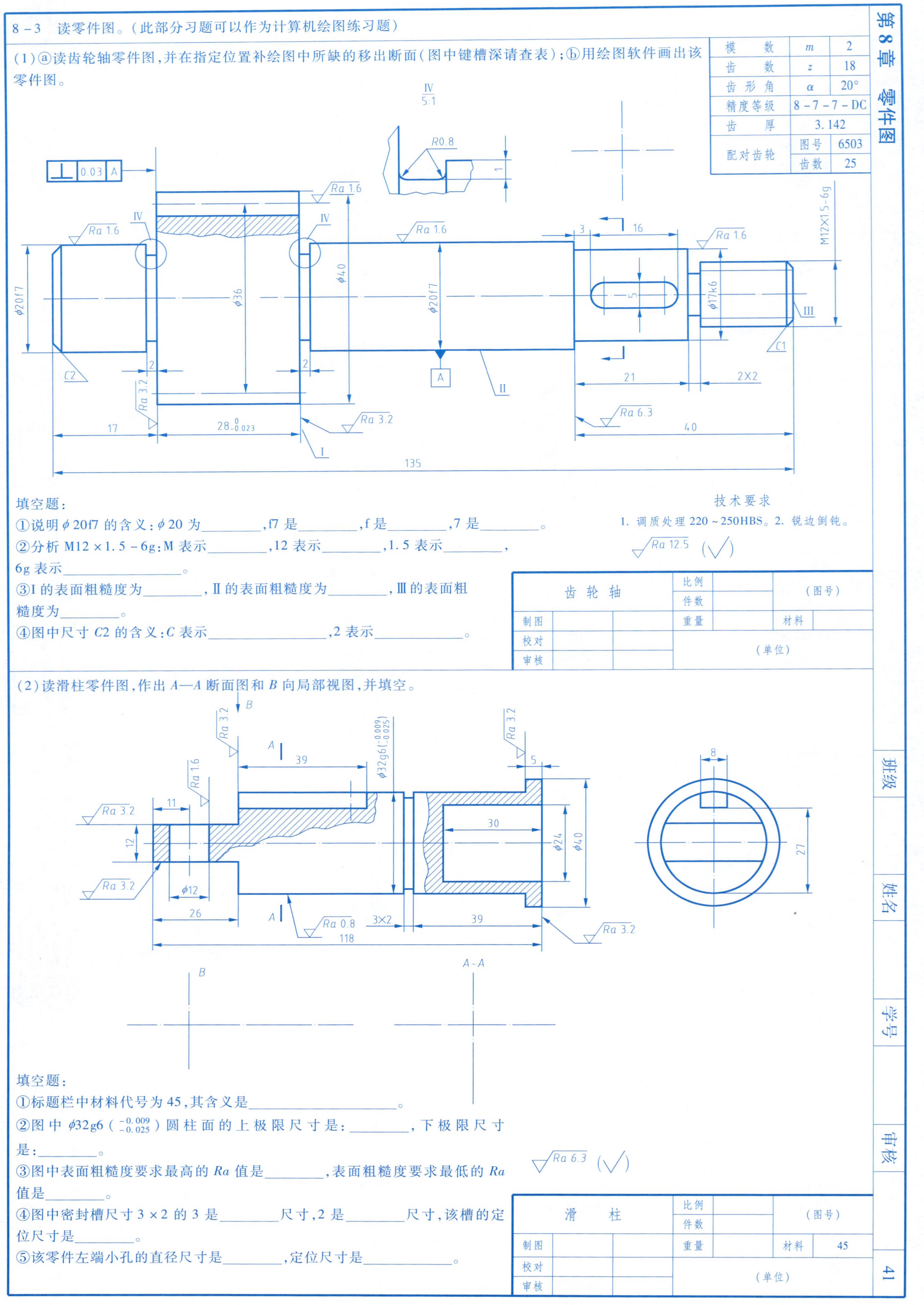

模数	m	2
齿数	z	18
齿形角	α	20°
精度等级		8－7－7－DC
齿厚		3.142
配对齿轮	图号	6503
	齿数	25

齿轮轴		比例		（图号）
		件数		
制图		重量		材料
校对		（单位）		
审核				

填空题：

①说明 φ20f7 的含义：φ20 为________，f7 是________，f 是________，7 是________。

②分析 M12×1.5－6g：M 表示________，12 表示________，1.5 表示________，6g 表示________________。

③Ⅰ的表面粗糙度为________，Ⅱ的表面粗糙度为________，Ⅲ的表面粗糙度为________。

④图中尺寸 $C2$ 的含义：C 表示________________，2 表示____________。

（2）读滑柱零件图，作出 A—A 断面图和 B 向局部视图，并填空。

滑柱		比例		（图号）
		件数		
制图		重量		材料 45
校对		（单位）		
审核				

填空题：

①标题栏中材料代号为 45，其含义是________________。

②图中 φ32g6（$^{-0.009}_{-0.025}$）圆柱面的上极限尺寸是：________，下极限尺寸是：________。

③图中表面粗糙度要求最高的 Ra 值是________，表面粗糙度要求最低的 Ra 值是________。

④图中密封槽尺寸 3×2 的 3 是________尺寸，2 是________尺寸，该槽的定位尺寸是________。

⑤该零件左端小孔的直径尺寸是________，定位尺寸是____________。

8-3 读零件图。（此部分习题可以作为计算机绘图练习题）

(3)看端盖零件图，要求：看懂零件图，想象该零件的结构形状，完成填空题和右视图。

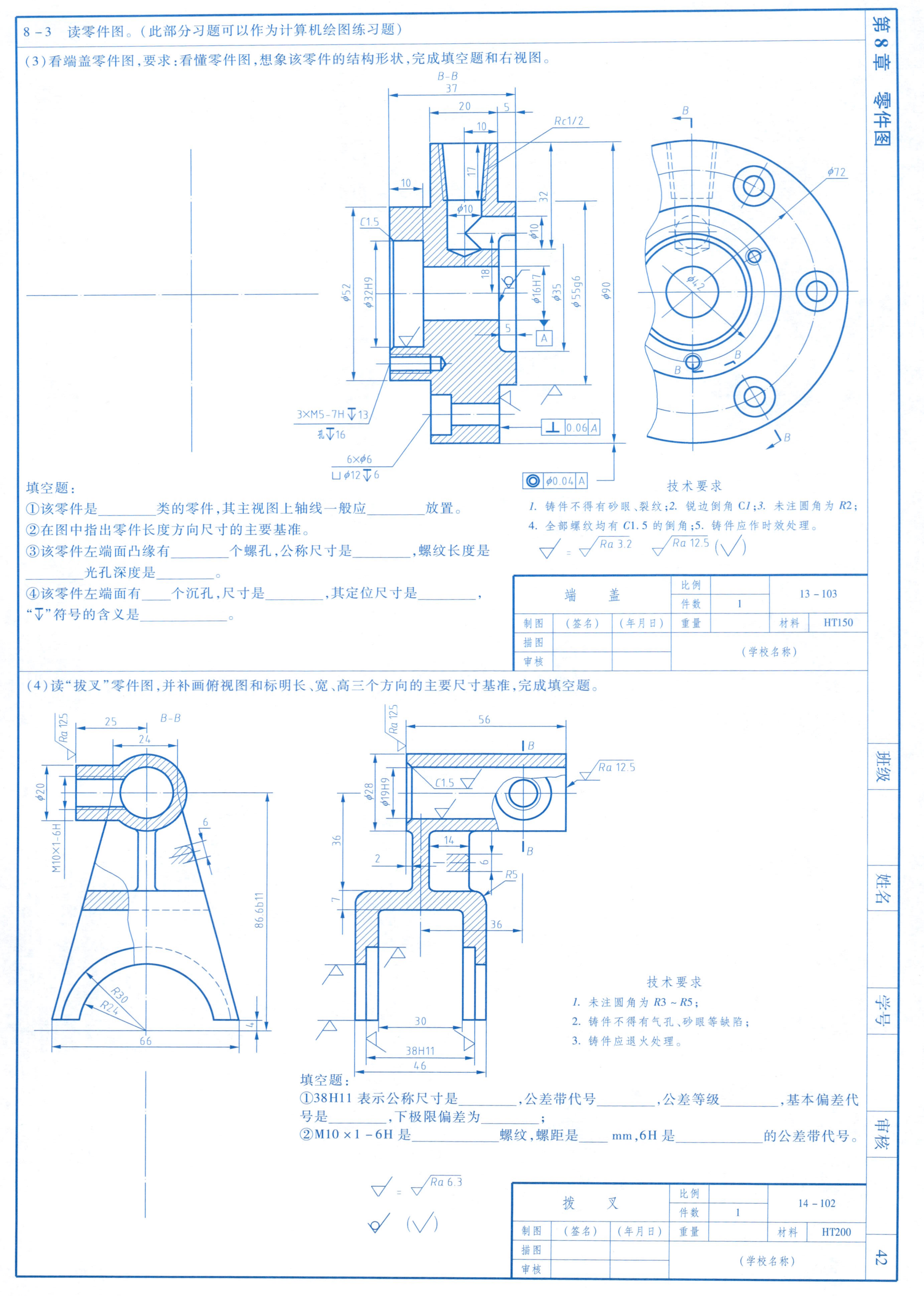

技术要求

1. 铸件不得有砂眼、裂纹；2. 锐边倒角 C1；3. 未注圆角为 R2；

4. 全部螺纹均有 C1.5 的倒角；5. 铸件应作时效处理。

$\sqrt{}$ = $\sqrt{Ra\ 3.2}$　$\sqrt{Ra\ 12.5}$ ($\sqrt{}$)

端　　盖			比例		13-103	
			件数	1		
制图	（签名）	（年月日）	重量		材料	HT150
描图			（学校名称）			
审核						

填空题：

①该零件是________类的零件，其主视图上轴线一般应________放置。

②在图中指出零件长度方向尺寸的主要基准。

③该零件左端面凸缘有________个螺孔，公称尺寸是________，螺纹长度是________光孔深度是________。

④该零件左端面有____个沉孔，尺寸是________，其定位尺寸是________，"↧"符号的含义是____________。

(4)读"拔叉"零件图，并补画俯视图和标明长、宽、高三个方向的主要尺寸基准，完成填空题。

技术要求

1. 未注圆角为 R3～R5；

2. 铸件不得有气孔、砂眼等缺陷；

3. 铸件应退火处理。

填空题：

①38H11 表示公称尺寸是________，公差带代号________，公差等级________，基本偏差代号是________，下极限偏差为________；

②M10×1-6H 是____________螺纹，螺距是____ mm，6H 是____________的公差带代号。

$\sqrt{}$ = $\sqrt{Ra\ 6.3}$　　$\sqrt{}$ ($\sqrt{}$)

拔　　叉			比例		14-102	
			件数	1		
制图	（签名）	（年月日）	重量		材料	HT200
描图			（学校名称）			
审核						

8 - 3 读零件图。(此部分习题可以作为计算机绘图练习题)

(5)读支架零件图,在指定位置画出 *A*—*A* 剖视图。在这张零件图中用符号“△”标出长度、宽度、高度方向的尺寸基准。

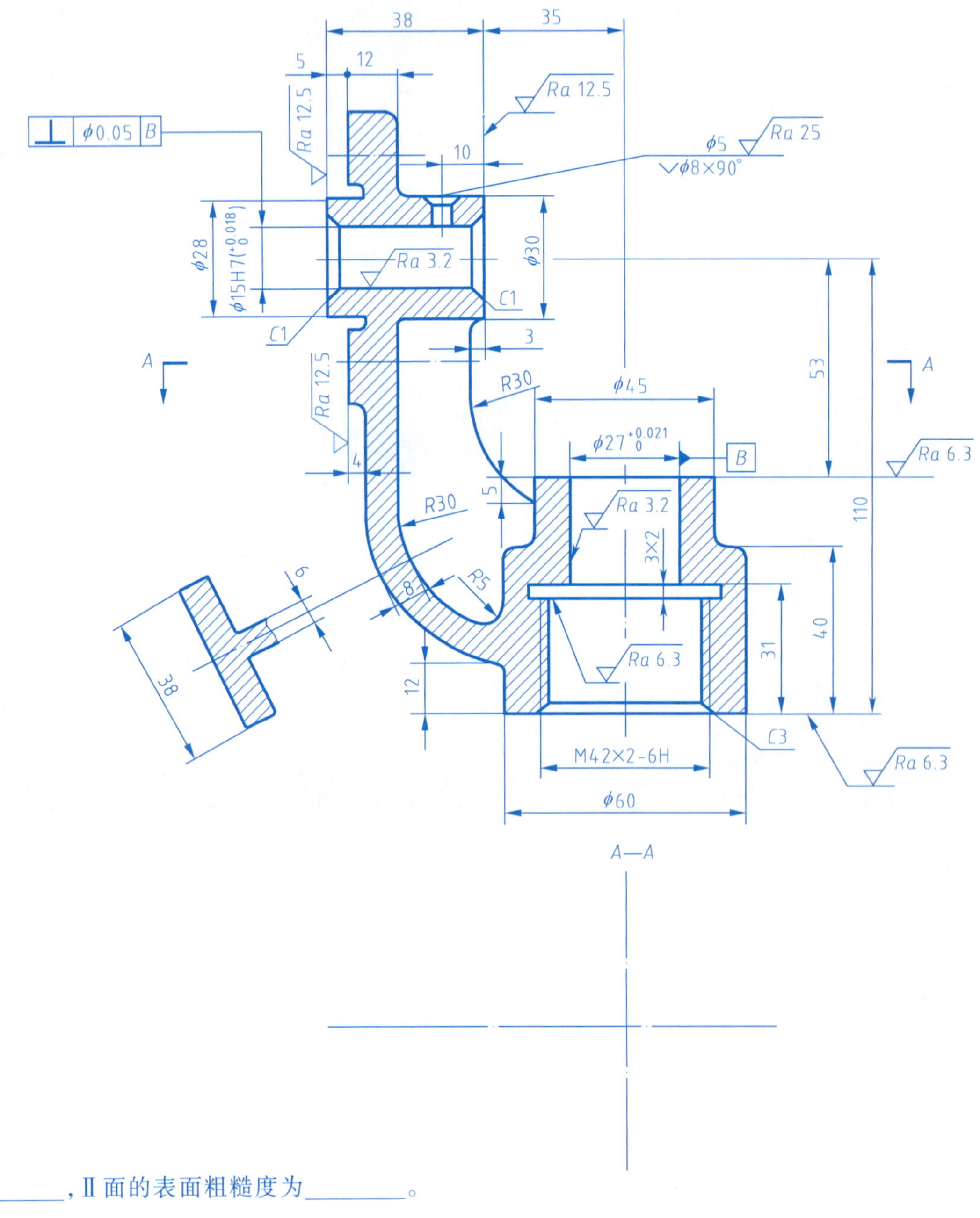

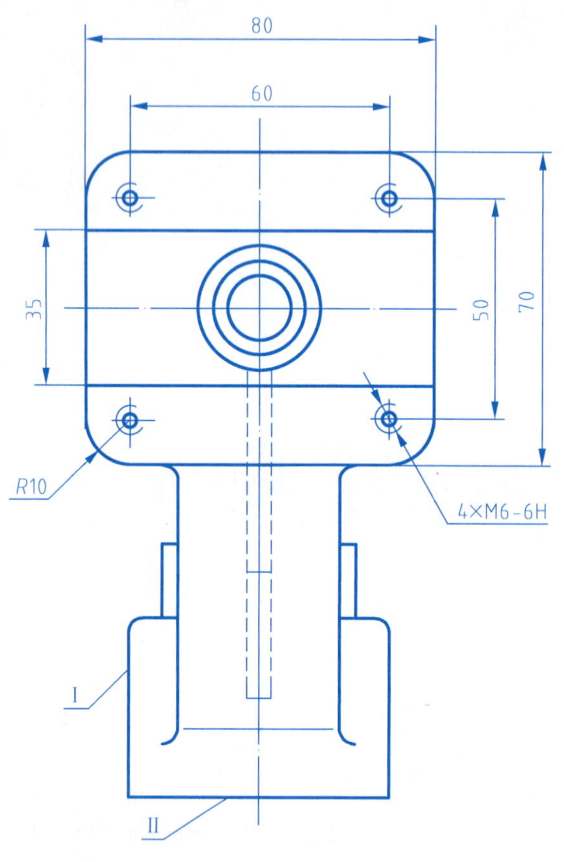

技术要求

1. 未注圆角为 *R*3 ~ *R*5。
2. 铸件不允许有砂眼、缩孔、裂纹等缺陷。

填空题:

① Ⅰ面的表面粗糙度为________,Ⅱ面的表面粗糙度为________。

② $\phi 27^{+0.021}_{0}$ 孔的公称尺寸是________,上极限尺寸是________。

③ 4 × M6 - 6H 的含义是____,

其螺孔的定位尺寸________,________。

支　架		比例		
		件数		
制图		重量	材料	HT200
校对		(单位)		
审核				

8－3　读零件图。(此部分习题可以作为计算机绘图练习题)

(6)看懂泵体的零件图,想象泵体的结构形状,回答下列问题并完成 C 向视图,并用绘图软件画出该零件图。

技术要求

1. 未注铸造圆角 R2～R4。
2. 铸造不允许有砂眼及缩孔。

填空题:

①D—D 是________剖视图。

②尺寸 ϕ60H7 中,ϕ60 表示________尺寸,H7 表示________,H 是________,7 表示________,上极限偏差为________,下极限偏差为________,公差为________。

③G1/8 表示________________。

泵　体			比例		
			件数	1	
制图	(签名)	(年月日)	重量	材料	HT200
描图			(学校名称)		
审核					

9 - 1　由零件图拼画装配图。

1. 千斤顶。要求：ⓐ用手工绘图；ⓑ三维建模后生成装配图。

7	底座	1	HT200	
6	螺套	1	QA19 - 4	
5	螺钉 M10×12	1	Q235	GB/T 73
4	绞杠	1	Q215	
3	螺旋杆	1	Q255	
2	螺钉 M8×12	1	Q235	GB/T 75
1	顶垫	1	Q275	
序号	名称	数量	材料	附　注

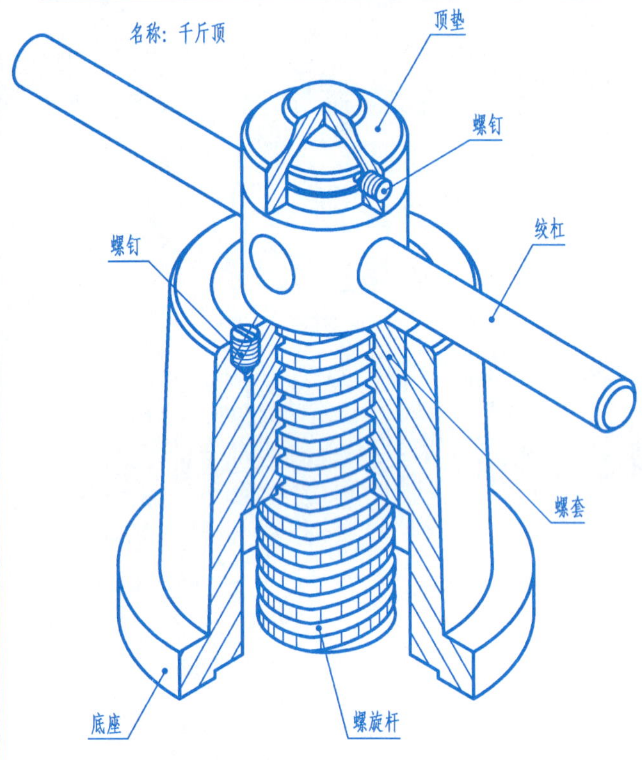

工作原理

千斤顶是利用螺旋传动来顶举重物的，它是汽车修理和机械安装中一种常见的起重工具。工作时，绞杠穿在螺旋杆顶部的圆孔中。旋转绞杠，螺旋杆在螺套中靠螺纹作上下移动。顶垫上的重物靠螺旋杆的上升而顶起。

螺套嵌压在底座中，其一面用螺纹固定，磨损后便于更换、修配。

螺旋杆的球面形顶部套上一个顶垫，靠螺钉与螺旋杆联接而不固定，以防止顶垫随螺旋杆一起旋转而脱落。

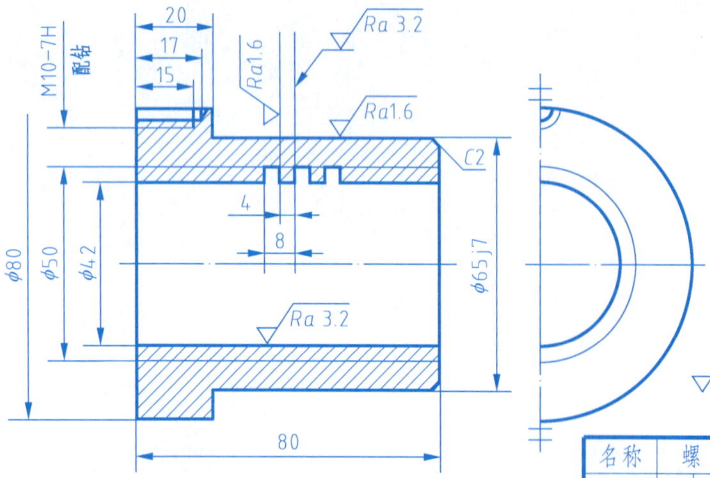

名称	螺　套	序号	6
数量	1	材料	QA19 - 4

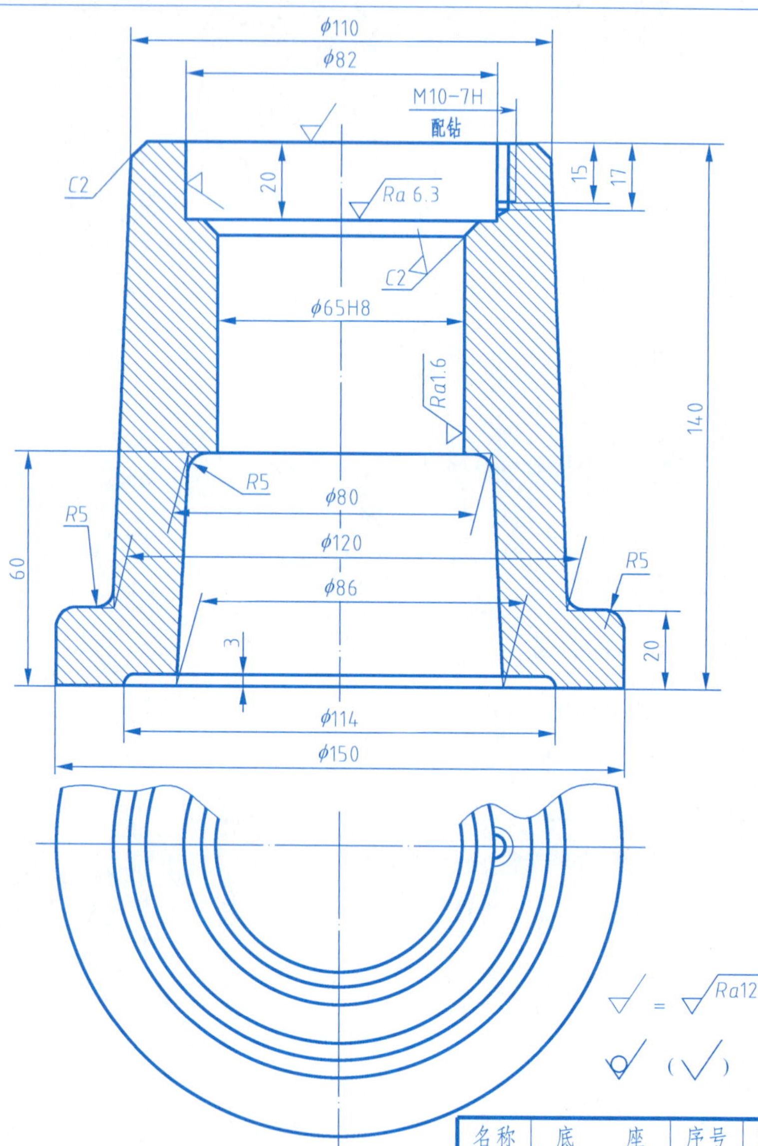

名称	底　座	序号	7
数量	1	材料	HT200

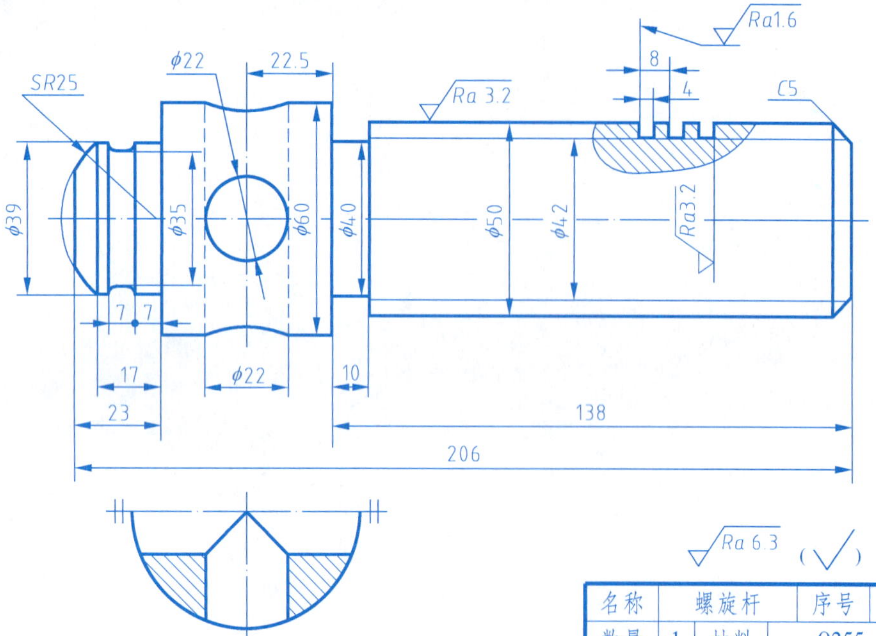

名称	螺旋杆	序号	3
数量	1	材料	Q255

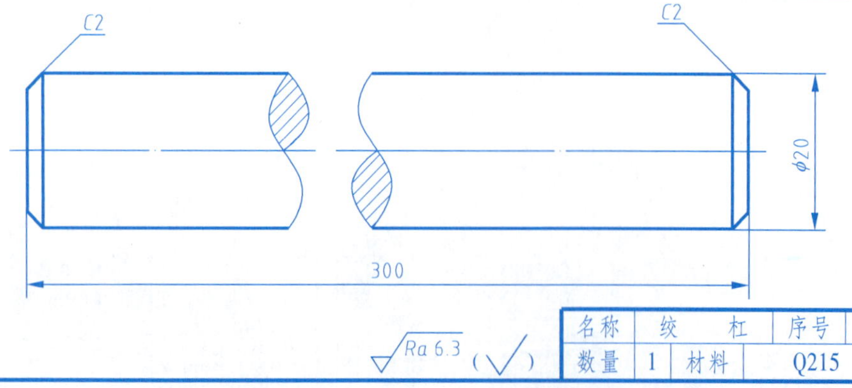

名称	绞　杠	序号	4
数量	1	材料	Q215

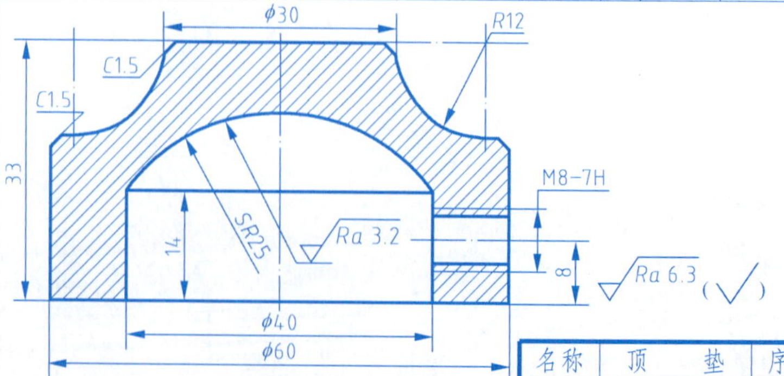

名称	顶　垫	序号	1
数量	1	材料	Q275

9-1 由零件图拼画装配图。

2. 手压阀。根据手压阀的装配示意图、明细表及零件图,用A3图纸拼画它的装配图。

(1)手压阀装配示意图及明细表。

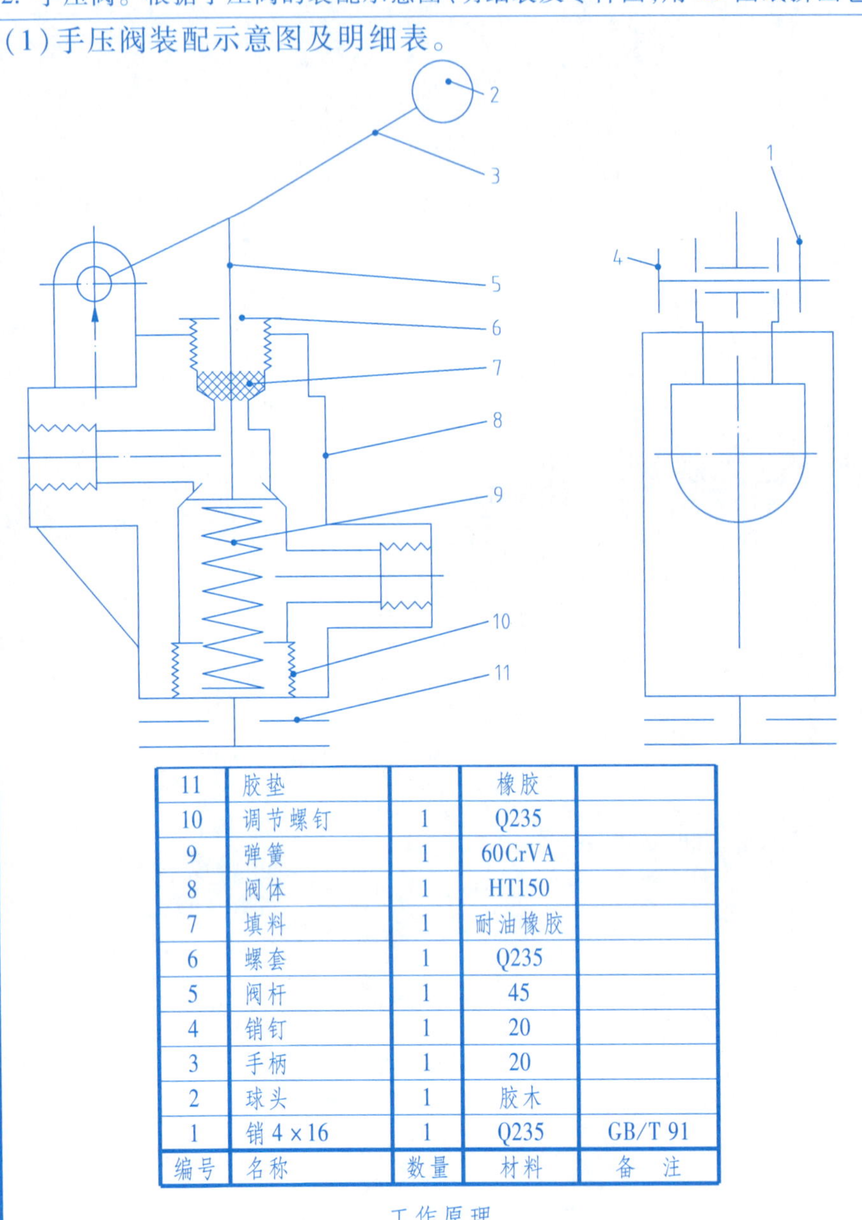

11	胶垫		橡胶	
10	调节螺钉	1	Q235	
9	弹簧	1	60CrVA	
8	阀体	1	HT150	
7	填料	1	耐油橡胶	
6	螺套	1	Q235	
5	阀杆	1	45	
4	销钉	1	20	
3	手柄	1	20	
2	球头	1	胶木	
1	销4×16	1	Q235	GB/T 91
编号	名称	数量	材料	备注

工作原理

手压阀是吸进和排出液体的一种手动阀门,当握住手柄向下压紧阀杆时,阀杆压缩弹簧而向下移动,液体的出、入口相通;当手柄抬起时,弹簧松开,阀杆向上紧贴阀体,液体则不再通过。

作业

①了解部件的工作原理,弄清每个零件的作用及结构。

②确定表达方案,按1∶1比例画装配图。

③绘图时,先画阀体7,再画阀杆5(注意:按阀杆的最高极限位置画)。

(2)

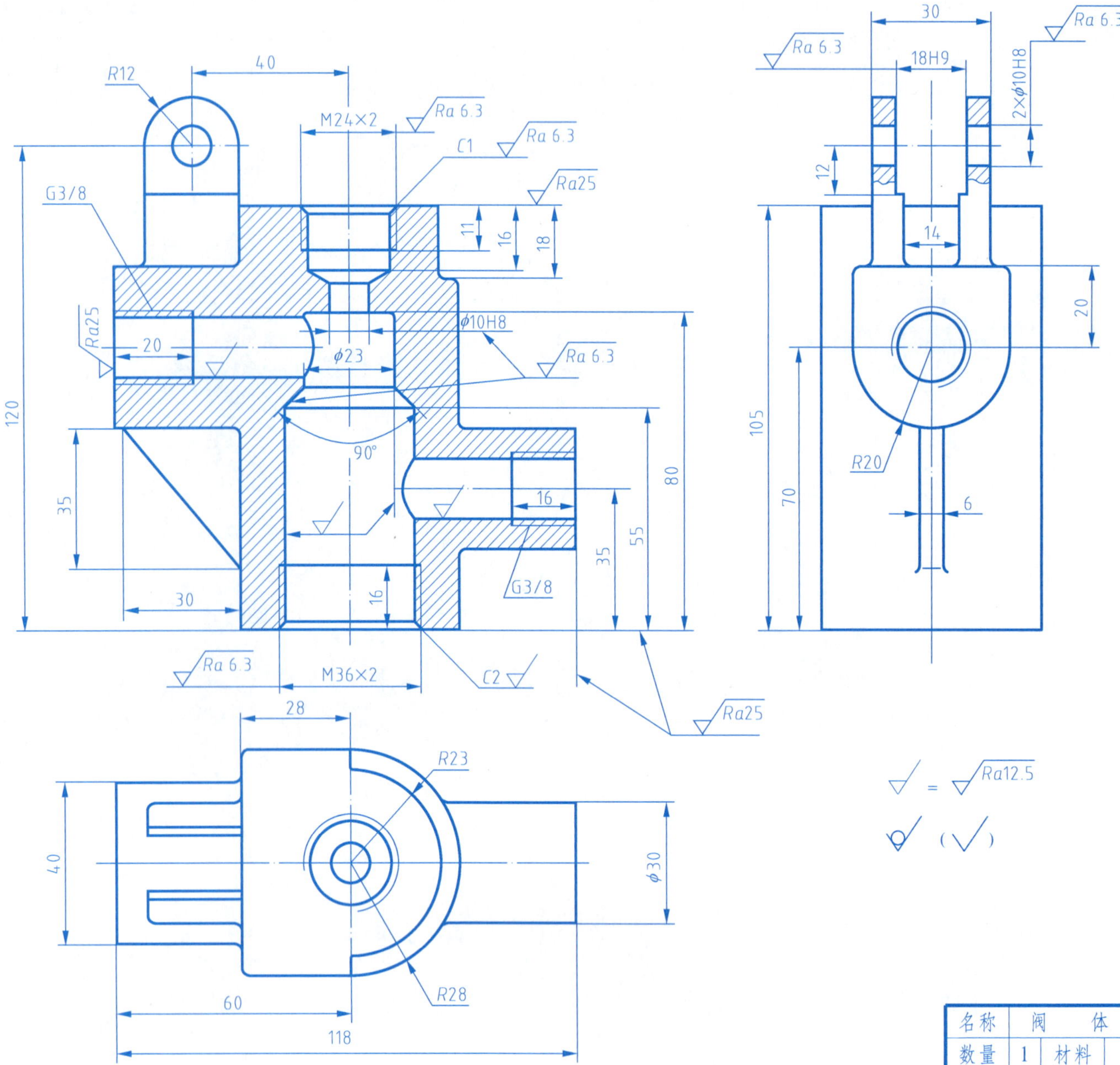

名称	阀体	序号	8
数量	1	材料	HT150

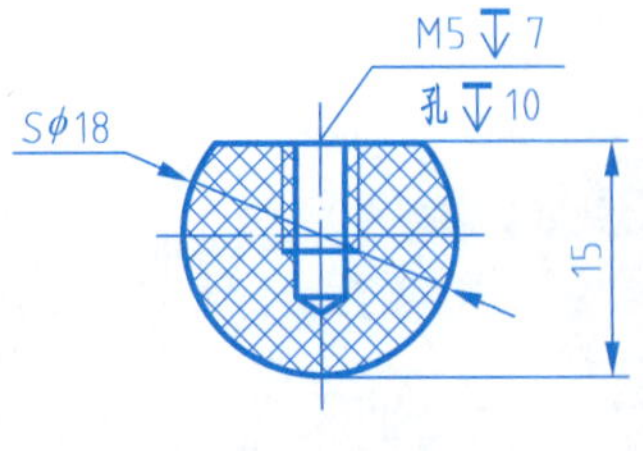

名称	球头	序号	2
数量	1	材料	胶木

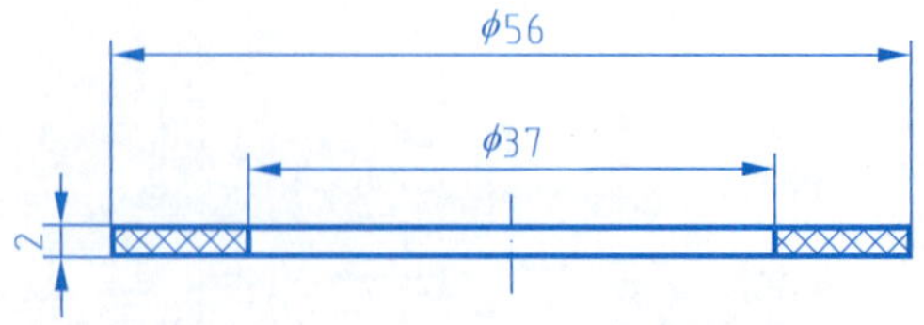

名称	胶垫	序号	11
数量	1	材料	橡胶

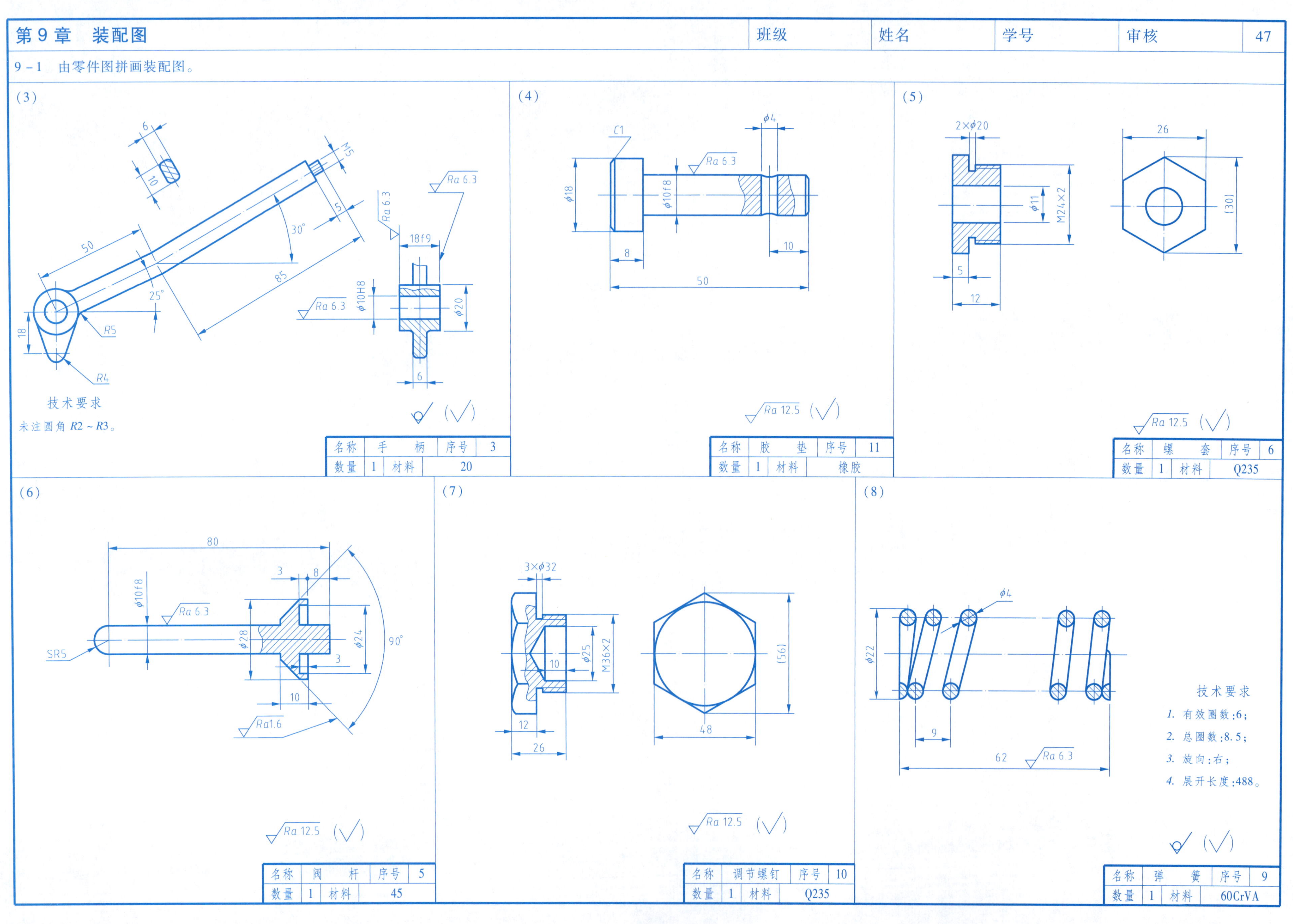
第9章 装配图
班级
姓名
学号
审核
47
9－1 由零件图拼画装配图。
(3)
技术要求
未注圆角 R2～R3。
名称 手柄 序号 3
数量 1 材料 20
(4)
名称 胶垫 序号 11
数量 1 材料 橡胶
(5)
名称 螺套 序号 6
数量 1 材料 Q235
(6)
名称 阀杆 序号 5
数量 1 材料 45
(7)
名称 调节螺钉 序号 10
数量 1 材料 Q235
(8)
技术要求
1. 有效圈数:6;
2. 总圈数:8.5;
3. 旋向:右;
4. 展开长度:488。
名称 弹簧 序号 9
数量 1 材料 60CrVA

9－1　由零件图拼画装配图。

3. 机用虎钳。

（1）

工作原理

当转动螺杆5时，与之配合的方块螺母4就左右移动。活动钳口11用螺钉10与方块螺母4连接，故实现5转动—4移动—11移动，而达到夹持工件的目的；护口板9用两个螺钉8固定在钳座上，以延长钳座的使用寿命；螺母2用销1固定在螺杆上，以保证螺杆只作旋转运动而不能做轴向移动；螺杆左右两端的垫圈是用来保护钳座不被螺杆转动时磨损（见示意图）。

作业：

用A3图纸，以1∶1比例绘制机用虎钳装配图。

示意图

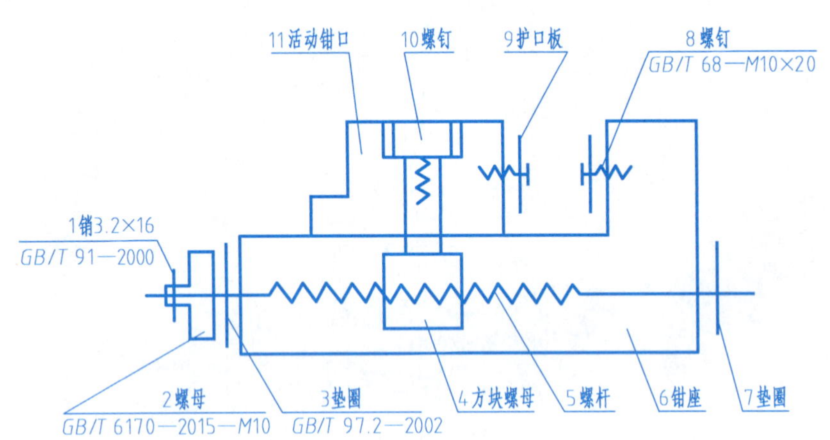

（2）　（3）

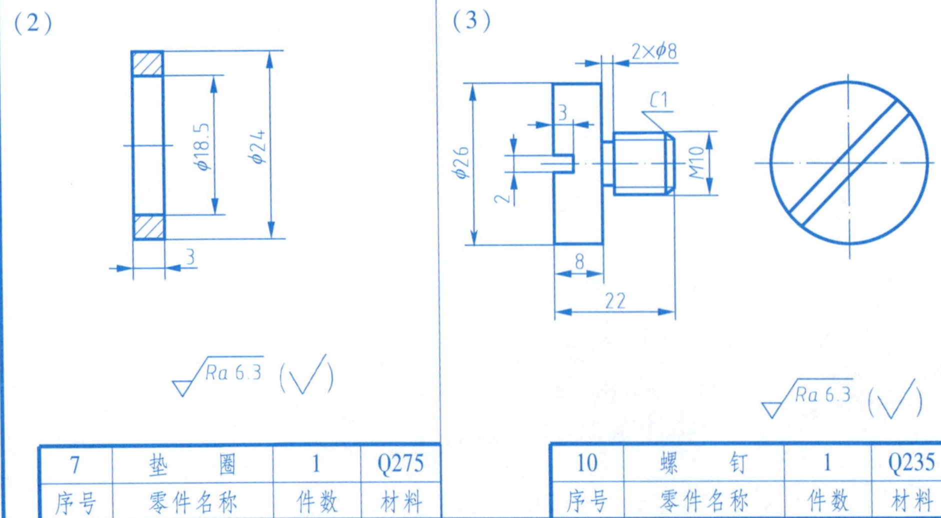

7	垫　圈	1	Q275
序号	零件名称	件数	材料

10	螺　钉	1	Q235
序号	零件名称	件数	材料

（4）

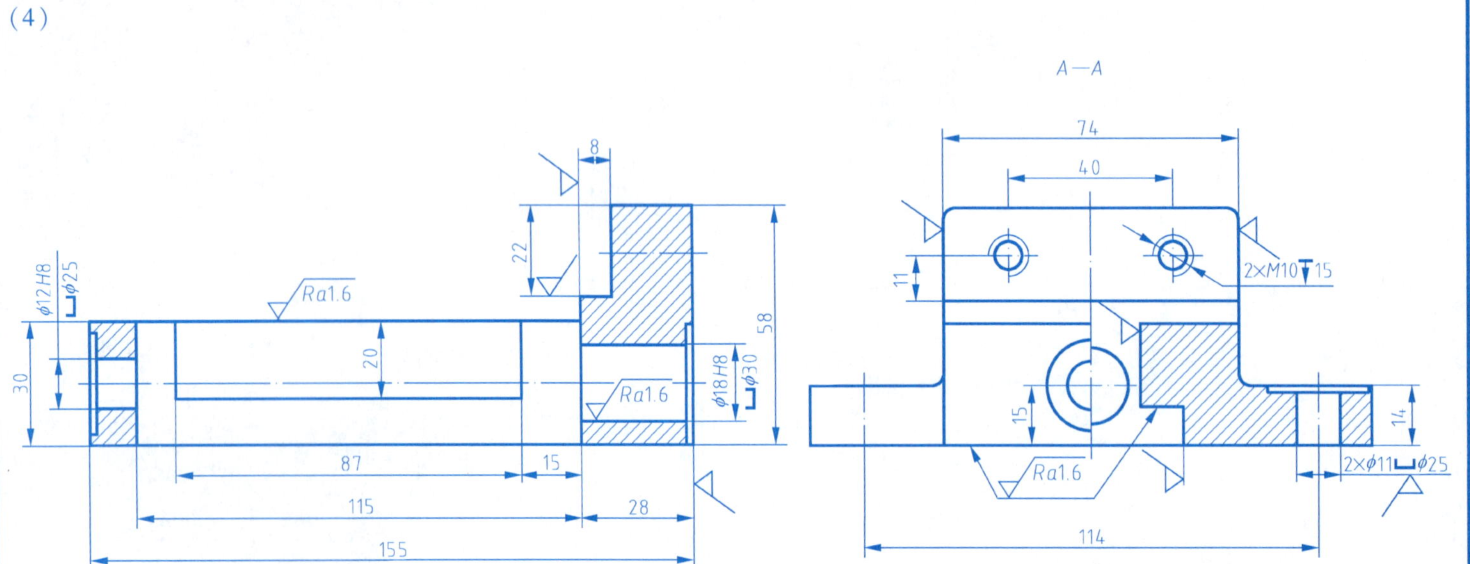

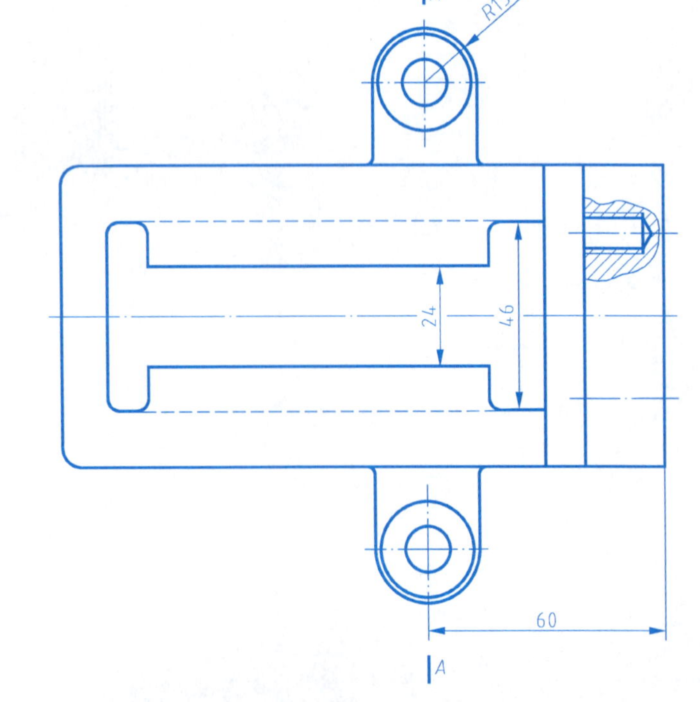

技术要求

1. 铸件须经时效处理。
2. 未注圆角 $R2\sim R4$。

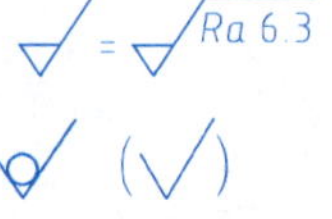

6	钳　座	1	Q235
序号	零件名称	件数	材料

9－1　由零件图拼画装配图。

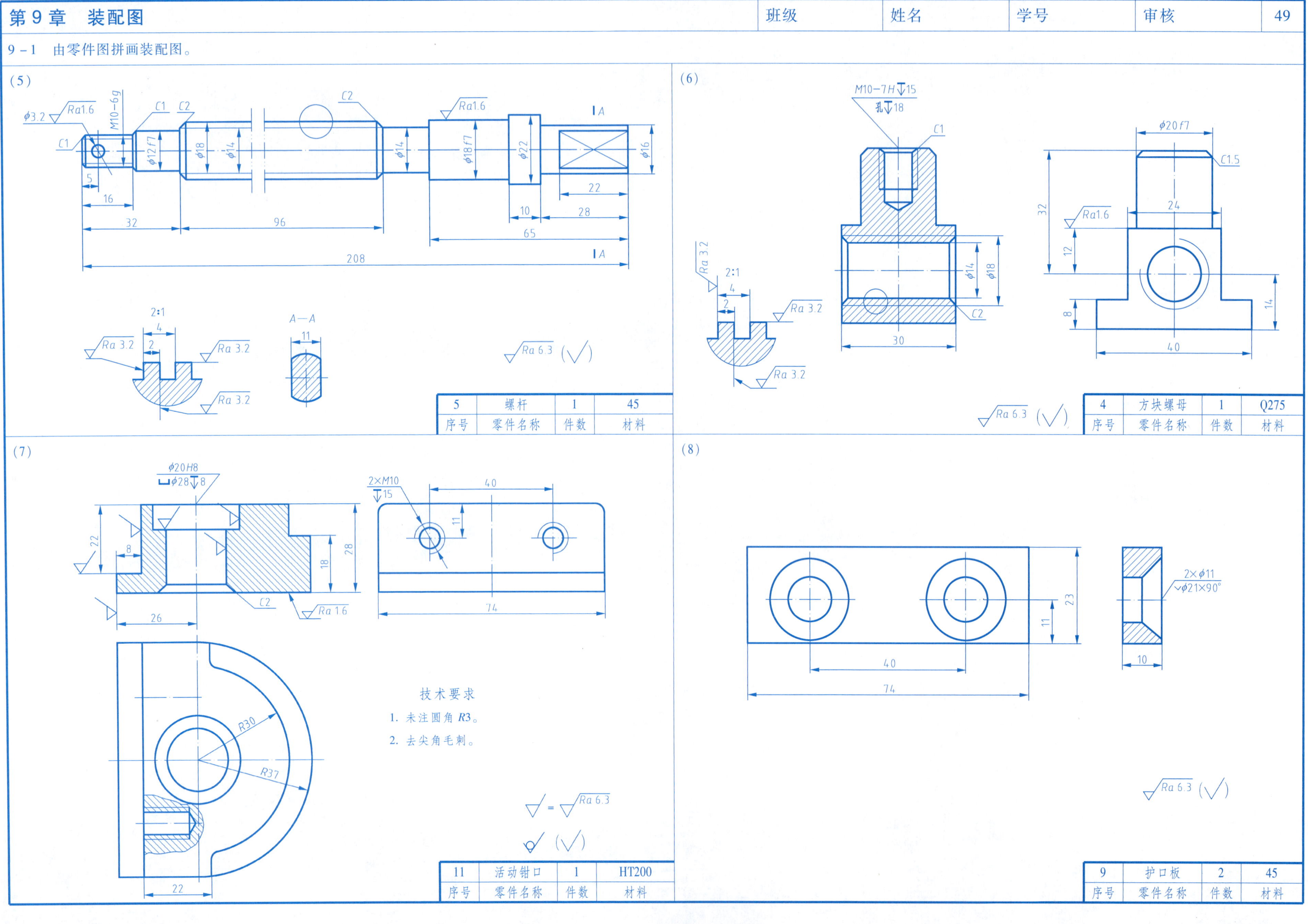

9－2　读装配图并拆画零件图。

1. 泄气阀。

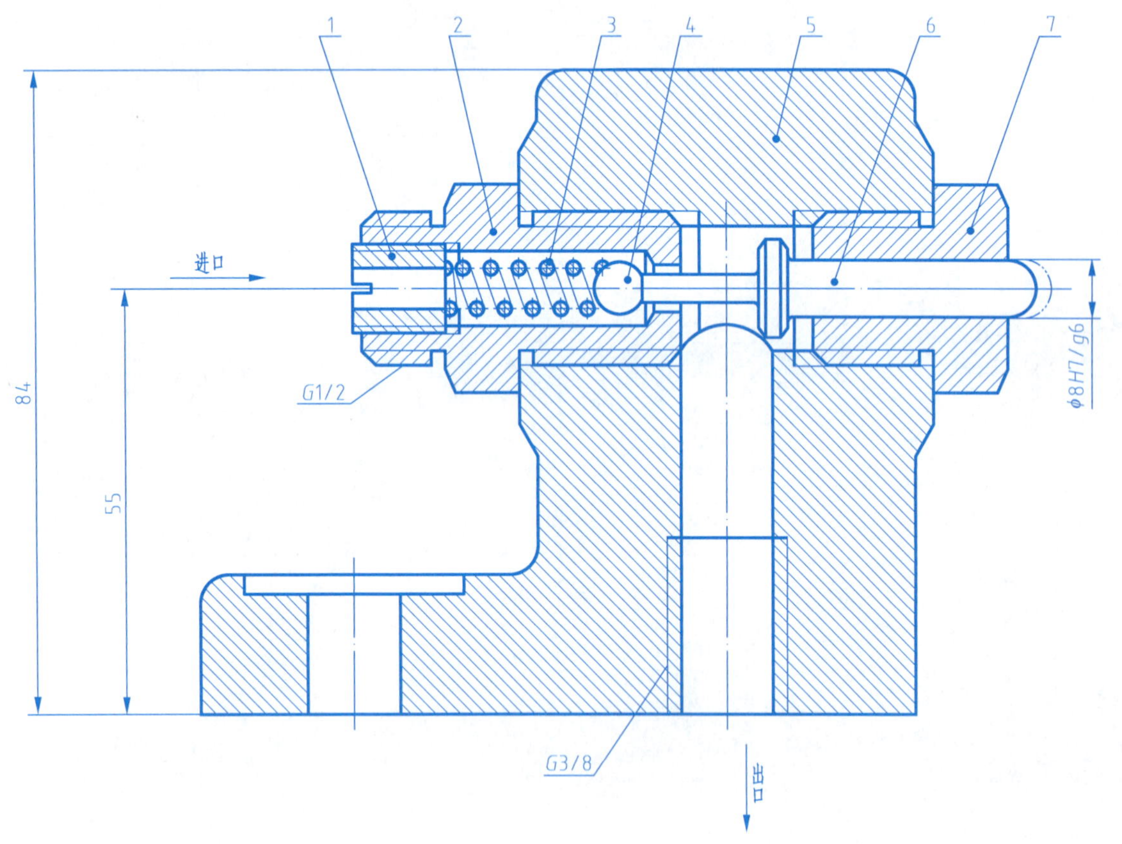

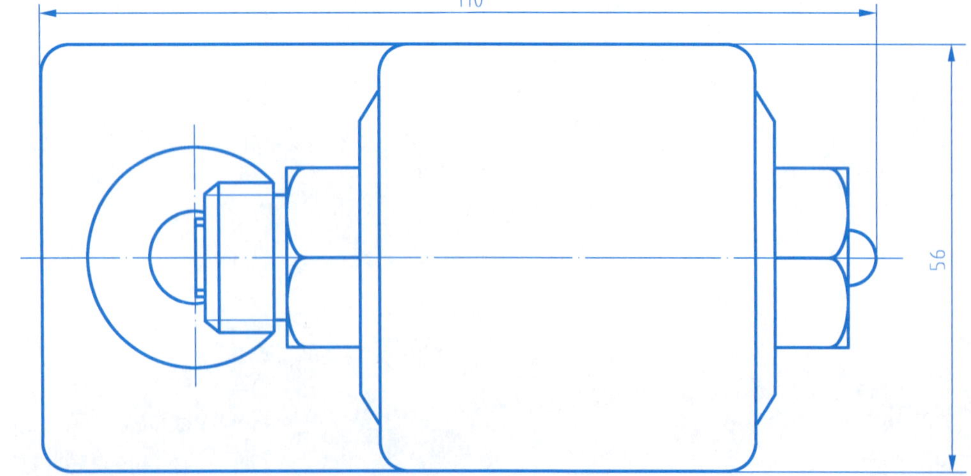

工作原理

推动阀杆 6，顶起钢球 4 打开阀口，从而达到泄气。

作业：

1. 看懂泄气阀的装配图后完成。

(1)用适当的表达方法拆画阀杆套的零件图；要求在零件图上标注有配合要求的尺寸公差，并注出 ϕ8 内表面的粗糙度，该表面的 *Ra* 上限值为 6.3 μm。

(2)用 1∶1 的比例在 A3 图纸上拆画零件 5。

2. 回答问题并填空。

(1)该装配体名称是__________；共______个零件。

(2)零件 5 的材料是__________；

(3)尺寸 ϕ8H7/g6 是零件___与零件___的______尺寸；

(4)该泄气阀的总体尺寸是______________；

(5)如果要更换零件 4，至少要拆去零件____________；

(6)零件 2 和零件 5 的连接方式是_____________；

(7)零件 1 的作用是________________________。

序号	名称	数量	材料	备注
7	阀杆套	1	35	
6	阀杆	1	35	
5	阀座	1	HT200	
4	钢球	1	45	
3	弹簧	1	55Si2Mn	
2	阀套	1	Q235	
1	调整螺套	1	Q235	

泄　气　阀		比例	1∶1	
绘图		重量		第　张　共　张
校对				
审核				

9-2　读装配图并拆画零件图。

2. 油缸。

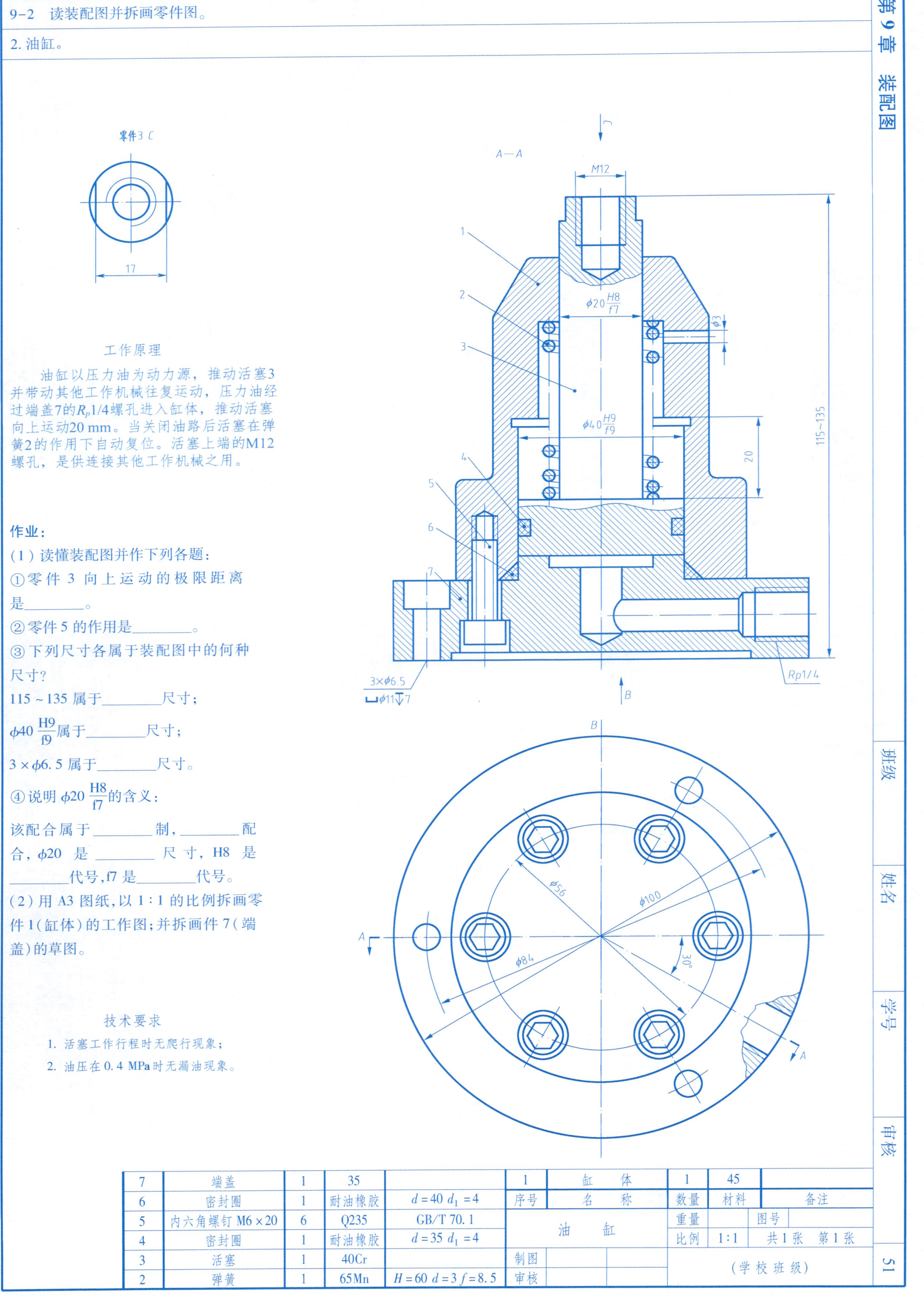

工作原理

油缸以压力油为动力源，推动活塞3并带动其他工作机械往复运动，压力油经过端盖7的R_p1/4螺孔进入缸体，推动活塞向上运动20 mm。当关闭油路后活塞在弹簧2的作用下自动复位。活塞上端的M12螺孔，是供连接其他工作机械之用。

作业：

（1）读懂装配图并作下列各题：

①零件 3 向上运动的极限距离是________。

②零件 5 的作用是________。

③下列尺寸各属于装配图中的何种尺寸？

115～135 属于________尺寸；

$\phi40\frac{H9}{f9}$属于________尺寸；

3×ϕ6.5 属于________尺寸。

④说明 $\phi20\frac{H8}{f7}$的含义：

该配合属于________制，________配合，ϕ20 是________尺寸，H8 是________代号，f7 是________代号。

（2）用 A3 图纸，以 1∶1 的比例拆画零件 1（缸体）的工作图；并拆画件 7（端盖）的草图。

技术要求

1. 活塞工作行程时无爬行现象；
2. 油压在 0.4 MPa 时无漏油现象。

7	端盖	1	35		1	缸　体	1	45	
6	密封圈	1	耐油橡胶	$d=40$ $d_1=4$	序号	名　称	数量	材料	备注
5	内六角螺钉 M6×20	6	Q235	GB/T 70.1	油　缸		重量		图号
4	密封圈	1	耐油橡胶	$d=35$ $d_1=4$			比例	1∶1	共 1 张　第 1 张
3	活塞	1	40Cr		制图		（学校班级）		
2	弹簧	1	65Mn	$H=60$ $d=3$ $f=8.5$	审核				

9－2　读装配图并拆画零件图。

3. 柱塞泵。

工作原理

柱塞泵是用于以一定的高压供油的部件。

当柱塞5在外力作用下向右移动时，腔体 V 由于体积增大而形成低压区，油箱中的油在大气压的作用下推开阀瓣14进入油腔 V，此时上阀瓣10关闭；当柱塞5左移时，油腔 V 由于体积减小而使油压升高，但不能打开下阀瓣14，而只能顶开上阀瓣10，输出高压油。

作业：

（1）读懂装配图。

（2）用A3图纸，以1∶1的比例拆画零件1（泵体）的工作图；并画零件6、12、13的草图。

（3）此柱塞泵共有零件________种，其中标准件共有________个；

（4）零件6与零件1的连接方式是________；

（5）如果要更换零件8，需拆去零件________（请按拆卸顺序填写序号）。

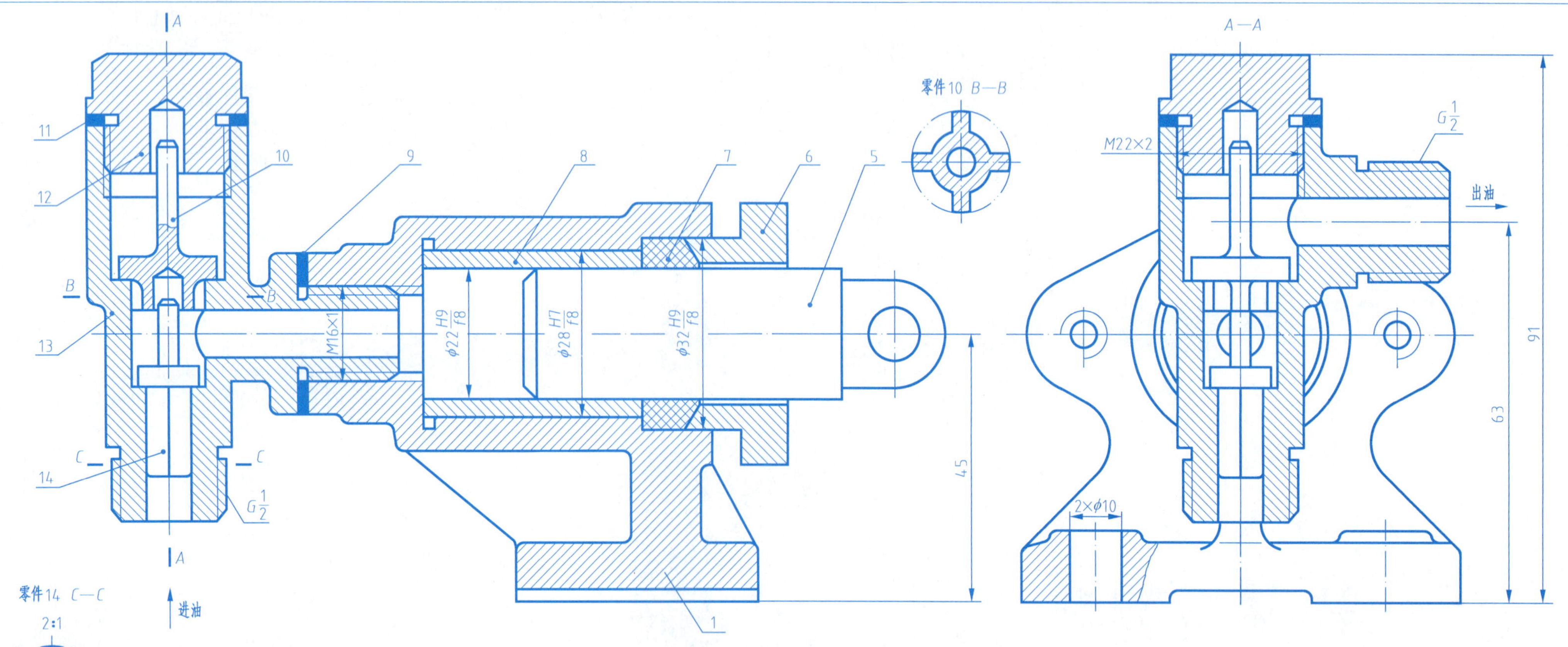

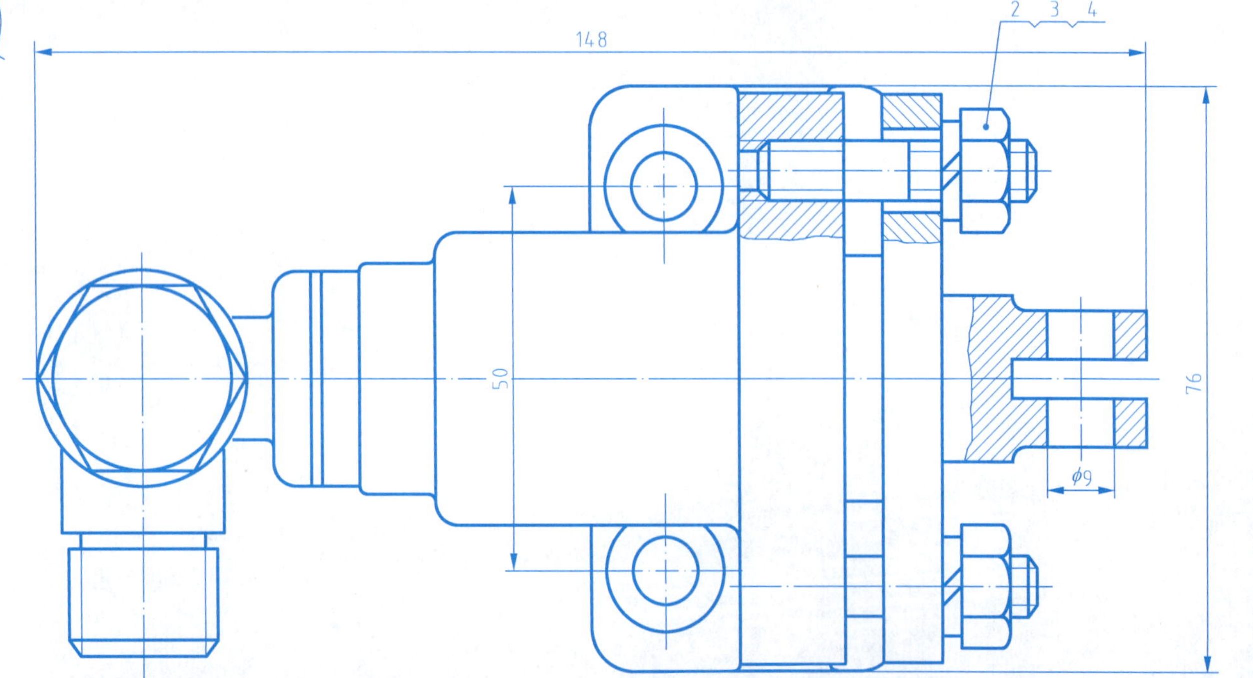

序号	名称	件数	材料	备注
14	下阀瓣	1	HMn58－2	
13	管接头	1	HMn58－2	
12	螺塞	1	HMn58－2	
11	垫片	1	耐油橡胶	
10	上阀瓣	1	HMn58－2	
9	垫片	1	耐油橡胶	
8	衬套	1	HMn58－2	
7	填料	1	毛毡	
6	填料压盖	1	HMn58－2	
5	柱塞	1	45	
4	螺柱 M8×35	2	Q235－A	GB/T 898—1988
3	垫圈	2	65Mn	GB/T 93—1987
2	螺母 M8	2	Q235－A	GB/T 6170—2015
1	泵体	1	HT150	

柱塞泵	比例	1∶1	（图　号）
	重量		
制图			（单　位）
审核